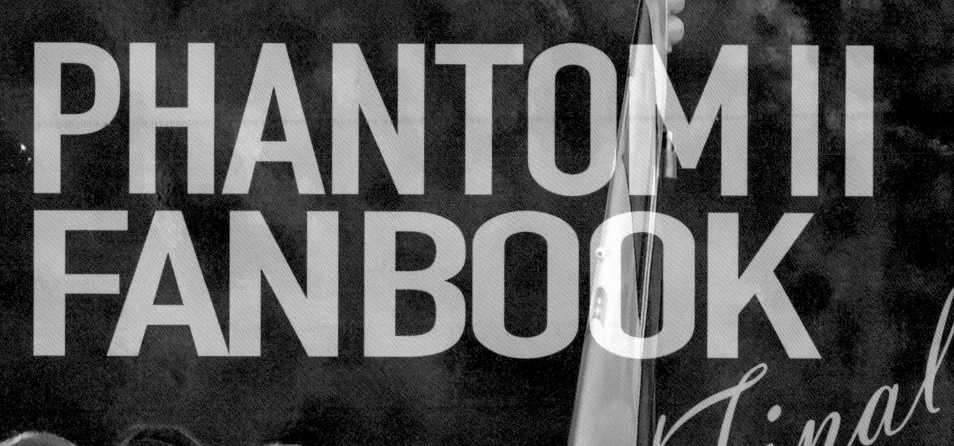

Final

航空自衛隊にとっての初のファントムⅡである F-4EJ 301号機が、1971年1月14日にランバート空港（現：セントルイス・ランバート国際空港）で初飛行を行いました。

それから 50 年 2 か月 4 日後の 2021 年 3 月 17 日に、最後のフライトを F-4EJ の 301 号機・336 号機と F-4EJ 改の 431 号機が岐阜基地で行いました。これをもって F-86F/G・F-104J/DJ に続く、三代目の主力戦闘機として 50 年もの長きにわたる運用を終了しました。

この 50 年間、F-86・F-104 運用終了に伴う飛行隊の減少、冷戦下の亡命 MiG-25 への対処や対領空侵犯措置における唯一の信号射撃などの緊迫した任務、F-2 開発遅延に伴う第 8 飛行隊での支援戦闘機としての運用など、ファントムⅡは航空自衛隊の歴史を担ってきたといっても過言ではないほど、最前線での任務を果たしました。

百里基地の第 301 飛行隊・第 501 飛行隊、岐阜基地の飛行開発実験団でのみ、ファントムⅡが運用されている状況の 2020 年 3 月が、航空自衛隊のファントムⅡにとっての最後の 1 年のスタートとなりました。その「ファントムⅡ最後の 1 年」を記録したいと、パイロットや整備員の方々の姿を撮影し、話を伺うために百里基地・岐阜基地・三沢基地で取材を行いました。

取材を通して浮かび上がってきたのは、ファントムⅡという戦闘機が人を鍛え、ファントムⅡを愛する人たちが航空自衛隊を作り上げたということです。

だからこそ、第 302 飛行隊・第 501 飛行隊・第 301 飛行隊・飛行開発実験団での運用終了時のファントムⅡへ送る言葉が「ありがとう」だったのでしょう。

JET
DANGER
INTAKE

The World of Phantom Rider

ファントムⅡの操縦資格を持つパイロットは**“ファントムライダー”**と呼ばれることがあります。

ファントムⅡの運用を開始し、ファントムⅡのパイロットを育成し、航空自衛隊にとって最後のファントムⅡを運用した実戦部隊である**第301飛行隊のパイロット**たちは、どのような景色を見ていたのでしょうか。

画像提供：第301飛行隊

1. 充実した訓練を行うために

ブリーフィングと救命装具

午前８時過ぎ、飛行隊舎のブリーフィングルームにパイロットたちが集まっています。国歌を静聴したのちに百里気象隊による天候状況に関する解説が始まります。この日は三沢基地方面に展開する予定があり、東北地方の気象状況に関する説明も行われていました。

ブリーフィングは、**離陸時間から逆算して、1時間ほど前**に開始されます。同時に飛ぶ機数が多い時は、ブリーフィングに時間が掛かるので、もう少し前から始めるようになります

当日の訓練などに関するブリーフィングが開始されます。まずは飛行隊長・飛行班長から、訓練の概要や安全に関する意思疎通などに関して説明があります。

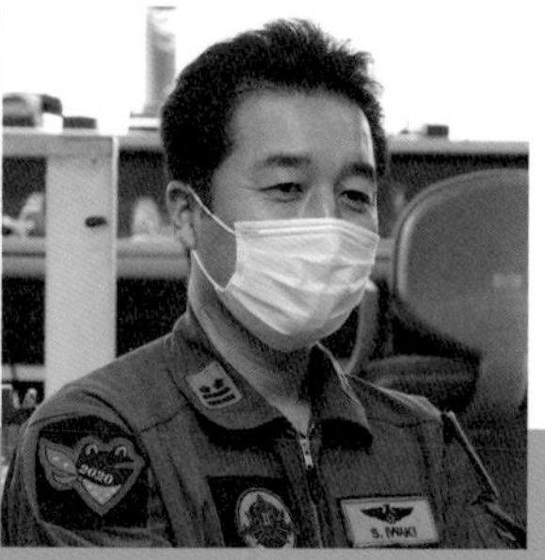

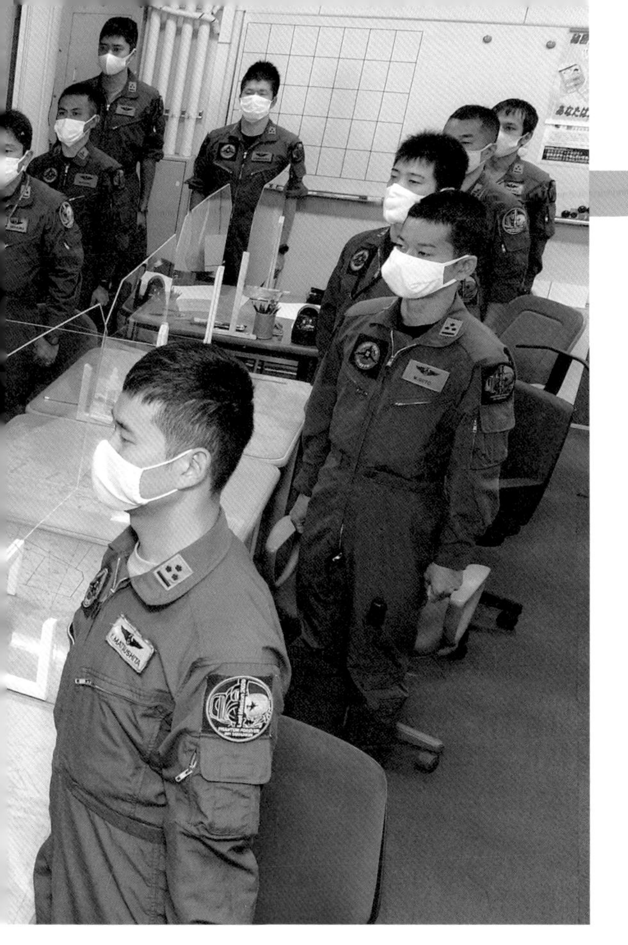

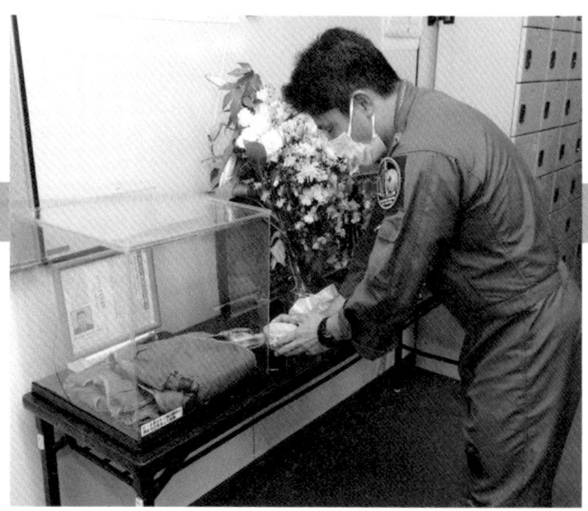

ブリーフィングルームに安置される、航空自衛隊におけるF-4EJ運用開始に尽力したF-4EJ臨時飛行隊長尾崎義弘1等空佐の耐Gスーツ。

1973年5月1日、試験飛行中に鹿島灘沖で尾崎1等空佐の乗るF-4EJが空中爆発。前席に搭乗していた阿部正康1等空尉は遺体で収容されました。

1983年、「尾崎」と書かれた耐Gスーツが引き上げられ、尾崎飛行隊長のものであることが確認されました。その日以来、尾崎1等空佐の耐Gスーツには毎朝、お茶が献じられ、第301飛行隊の安全な飛行を見守り続けていました。耐Gスーツを納める箱には「F-4が301飛行隊から消える日をもって返納」と書かれています。

画像出典：航空自衛隊

2020年11月、尾崎義典空将がF-4EJ改による飛行訓練を行いました。尾崎空将は、故尾崎1等空佐のご子息です。第301飛行隊が三沢基地でF-35Aの運用を開始した今、耐Gスーツは尾崎空将の元にあるということです。

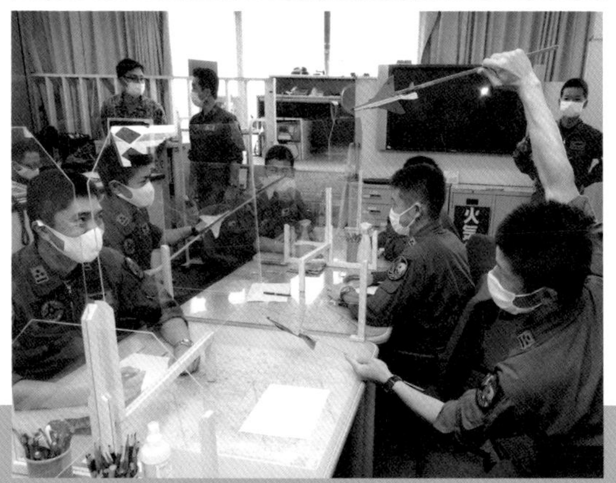

全体のブリーフィングの後は、味方（ブルーフォース）と敵役（レッドフォース）に分かれての打ち合わせ、次に各編隊ごとで行います。編隊に参加している機数が多い時は「8機→4機→2機」と、一緒のブリーフィングに参加する機数を減らすように進行します。そして前後席のブリーフィングでは、機動の見通しなど、前後席のパイロットで打ち合わせを行います。

機動中の僚機や敵機役の機体との位置関係を確認するために用いられている、**教材整備隊で制作されているモデル**
315号機のスペシャルマーキングはパイロットがコピー用紙を貼り付けて作りました

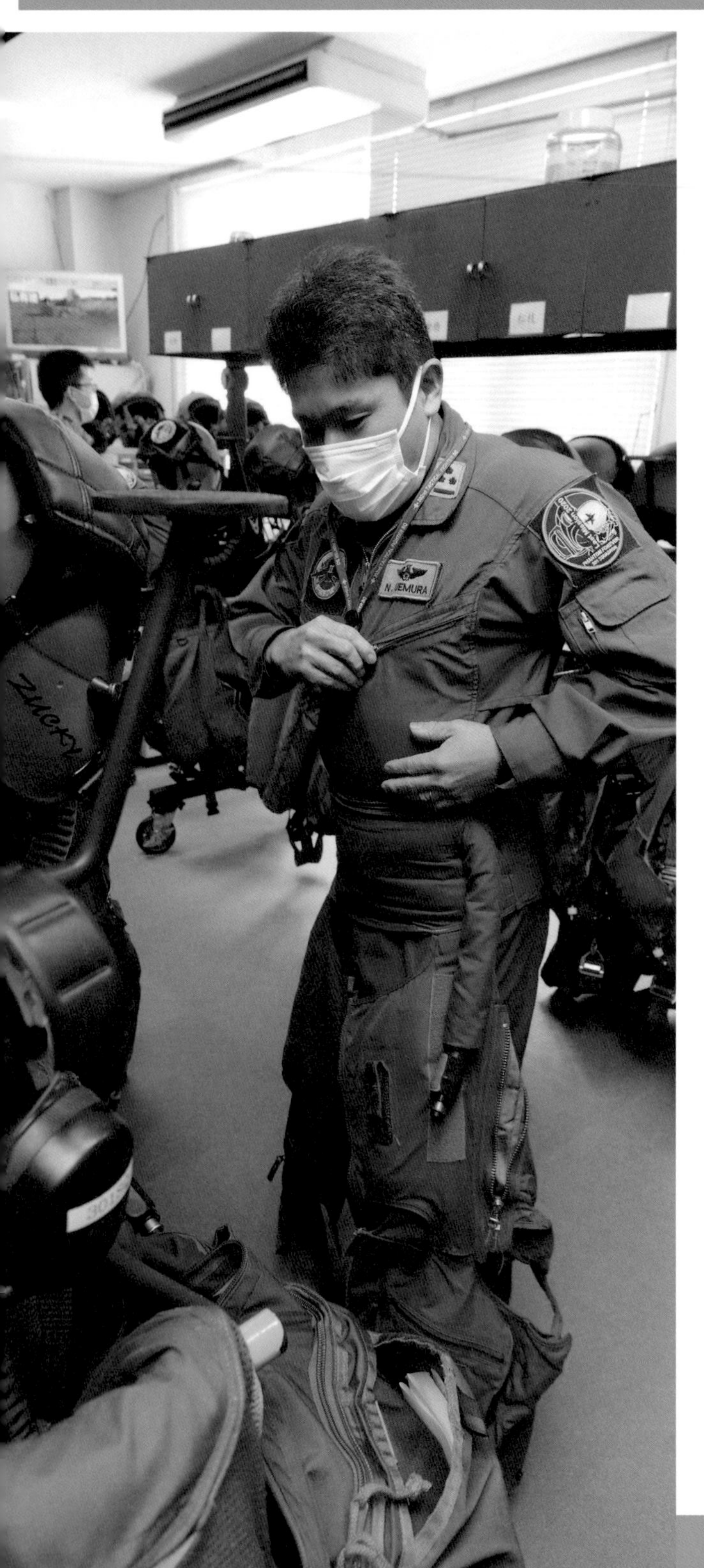

ブリーフィングを終えると、パイロットたちは救命装具室へと向かいます。そこにはヘルメットと耐Gスーツが、パイロットの名前の入ったラックに掛けられています。

ヘルメットに取り付けられたマスクのホースを「ヘルメット・マスク・テスタ」という装置に繋いで操作をすると、マスクに酸素が適正に供給されて呼吸ができるかを確認することができるそうです。

同時に**コミュニケーション・テスタ**にコードを繋げて、マスクに内蔵されているマイクとヘルメットに内蔵されたヘッドホンが正常に作動しているか確認します

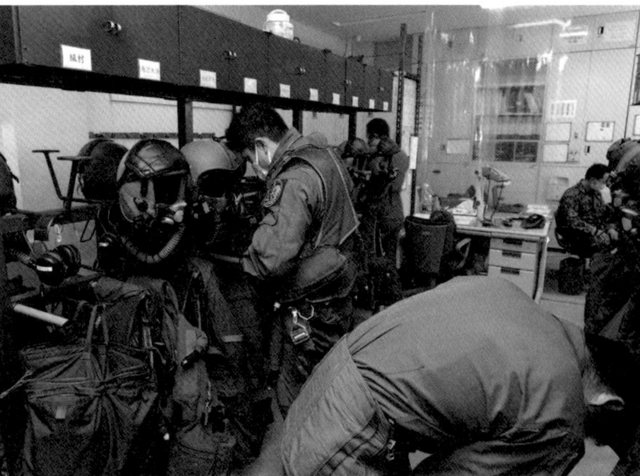

耐Gスーツを身につけ、ジャケットを着込み、ヘルメットをバックに入れて部屋を出て行きます。ジャケットには、緊急脱出後に着水した時に浮き輪になる浮舟とよばれるものが、首と脇腹に取り付けられています。耐Gスーツは急旋回時などに足に向かって血液が下がってしまうことによる失神を防ぎます。

救命装具室の奥には、ヘルメットやジャケットなどの管理・**補修を担当する隊員**がいて、コミュニケーション・コードの断線や、Gスーツのほつれなどを修理してくれます

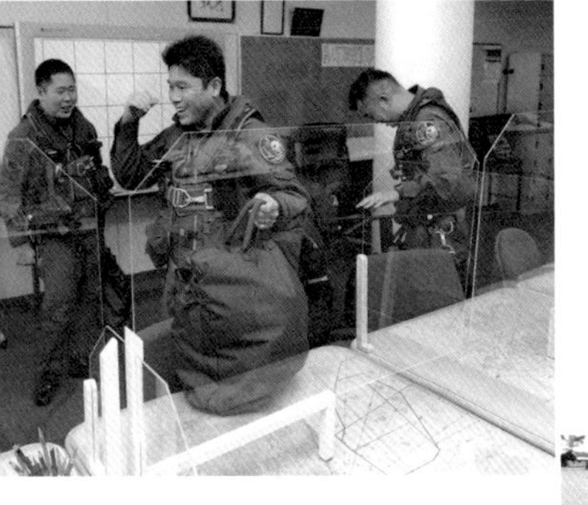

飛行前点検〜タクシーにだいたい30分掛かるので、**離陸時間の30分前にステップアウト**（隊舎を出る）をします

2. 整備員とともに機体の点検

飛行前点検

画像提供：第301飛行隊

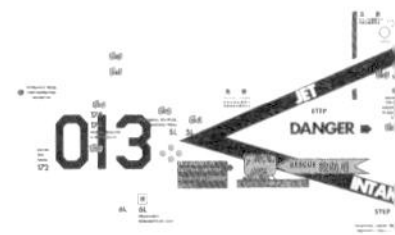

隊舎を出たパイロットは機体へと歩み寄り、ウイングタンクの上に置かれたフォームを見ながら、機体整備や搭載燃料などの状況を確認していきます。

後席のパイロットはラダーを登り、機体上部の確認を行います。特に垂直尾翼前端に取り付けられているQフィールピトー管は、対気速度に応じて操縦桿の重さを調整する装置につながっている安定した操縦のために大切な装置であるため、異物が入り込んでいないか十分に確認する必要があります。

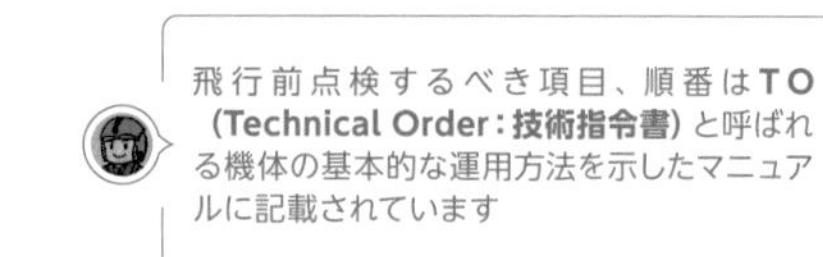

前席のパイロットは、ヘルメットバッグをシートに置いた後に、機首から点検をはじめて機体の右側まわりこみ、そのまま時計回りに各部の確認を行います。これは前席のパイロットが行わなければいけない決まりになっています。

再びラダーを登りシートに座ると、シートベルトを装着します。

シートベルトは、イジェクションシート内に納められた**パラシュートやサバイバルキット**と体を繋げるという役割もあります

3. ファントムⅡを目覚めさせる

エンジン始動

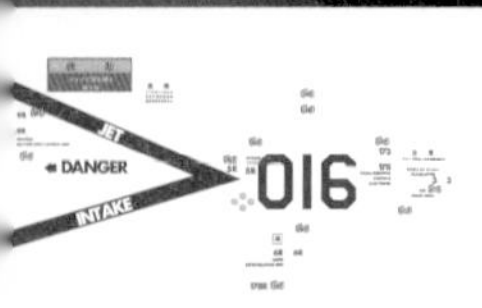

画像提供：第301飛行隊

KM-3と呼ばれるエンジン始動を支援する起動車から、圧縮空気を送り込むホースと電気を送るコードが機体に繋がれています。整備員がKM-3のパネルを操作すると、搭載されているジェットエンジンが始動してあたりは「キーン」という騒音に包まれます。

まずは右側のエンジンに空気が送り込まれてエンジンが回転をはじめ、パイロットはエンジンの回転数を示す計器を監視して、ハンドサインで整備員にその状況を伝えます。一定以上の回転数になったら手を横に振って始動が完了したことを整備員に伝え、左のエンジン始動にかかります。

エンジン関連の計器は前席コクピット前面の計器板、右下にあります。**PERCENT RPMと書かれた回転計にエンジン回転数**が表示されます

整備員が操作するKM-3の操作盤です。ファントムⅡに送る空気圧などが表示されます

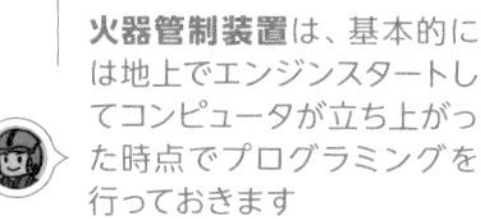

火器管制装置は、基本的には地上でエンジンスタートしてコンピュータが立ち上がった時点でプログラミングを行っておきます
兵装操作パネルは、前席コクピット前面左下にあります

エンジンの回転が安定したら、パイロットは計器によって機体が安全に飛行できる状態であることの確認を行います。また、機体に繋いだコードによって、ヘッドホンを付けた整備員と対話しながら、またはハンドサインを用いて、エルロン、水平尾翼、ラダー、フラップなどの動翼が正常に作動していることを確認します。

これら飛行前の作業は、前後席ごとに項目が決められていて、前席パイロットは主に動翼の作動を、後席パイロットは航法に関する機器の作動の確認を行うことになっています。

アメリカ空軍が運用していたF-4E（F-4EJ改の原型）のTO（Technical Order：技術指令書）によれば、前席が行うチェック項目はタクシー（自らの推力で移動）開始前だけで約120項目にもなります。

同時に飛行する各機の準備が済んだことが確認できたら、編隊長となる機体からタクシーを開始します。担当してくれた整備員の敬礼に答え、スロットルを入れて機体を列線から前へと動かします。

誘導路へと曲がる時は、速度を下げないように曲がり方を調整しながらスロットルを引いてエンジン出力を下げて、強いエンジンブラストを整備員や器材にかけないように気を付ける必要があります。

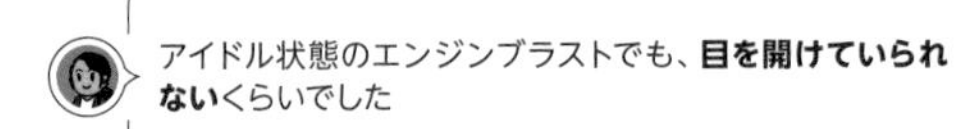

アイドル状態のエンジンブラストでも、**目を開けていられない**くらいでした

ファントムⅡの**エンジンは斜め下を向いている**ので、影響が大きいようです
本当に気を付けてくださいね

誘導路に入ったら中央を進むのではなくて、風下寄りをタクシーしていきます。後続の機体は少しずつ、風上側に寄ってタクシーすることで、前の機体のエンジンブラストを被らないようにします。

FODチェックしているのに、ブラストを浴びた時、砂粒がたくさん当たってきました。これがエンジンに入ったら大変ですね

誘導路の端までやってくると、滑走路との間に広くなった場所があります。ここをアーミングエリアと呼びます。

整備員の待つアーミングエリアに僚機と並んで、最後のチェックを受けます。

機体各部の確認を終えた整備員が、チョーク（輪留め）を外し、機体から離れていきます。

整備員の掲げるセーフティピンを確認。キャノピーを閉めつつ、僚機に無線で呼びかけ、編隊全機の準備が完了したところで管制隊にクリアランスを取ったらスロットルを押し上げて滑走路上へ進出します。

キャノピーを閉めるのが、滑走路進入の準備が整った合図です
タワーと連絡を取り、通常は「**ランナップアンドウェイト**」という指示を受けることになります

異常があれば飛行中止の決断をしなければいけないので、短い時間の中で、機体の状況を確実に把握する必要があります

滑走路に進出したら、ブリーフィングで決めた離陸パターンにあわせて並びます。

3機以上、同時に上がる場合はエンジンブラストによる影響を考えて、前後に約500フィートほど離れる必要があります。

滑走路上では、エンジン出力を上げる「ランナップ」と呼ばれる、エンジンテストを行います。

スロットルを前に押し込むとエンジンの回転数が上がり、エンジンノズルが絞り込まれていき、ミリタリー（アフターバーナーを使用しない時の最大出力）で最大に絞られた状態になります。アフターバーナーに点火され排気温度が上がると、再び広がっていきます。

ランナップが完了すると、フラップを1/2下げにセットし、操縦桿をいっぱいに引いた状態で編隊全機の準備完了を待ちます。編隊長はその様子をミラーで確認しながら待ち、無線で確認を取って離陸を開始します。

離陸前後はエンジン計器を見ます。針が震えることがあるのですが、その**振れ幅が許容範囲にあるか**だけ見ています

画像提供：第301飛行隊

416
97
3
JET
DANGER
INTAKE

4. 訓練空域へ向かう

離陸〜飛行

画像提供：第301飛行隊

画像提供：第301飛

画像提供：第301飛

第301飛行隊が所属している第7航空団は水戸東方の空域を訓練に使用することが多いようです。訓練空域までの移動中は外を見て、民間航空機のトラフィックや、編隊の僚機の位置などを確認しています。

訓練空域が近づくと、僚機との無線交信やレーダー、要撃管制官との交信などで編隊全体の状況を把握して、訓練の開始に向けて編隊位置の調整などを行います。

画像提供：第301飛行隊

ファントムⅡの乗り心地は悪いです
民間航空機のエコノミークラスのシートが快適に感じるくらいです

画像提供：第301

ミサイルを発射するのは前席パイロットの役目となります。格闘戦のような状況では、選択しておいたレーダーのサーチパターンによって目標を捉えると自動的にロックオンするACMモードを主に使用しています。前席パイロットは、ロックオンされた標的に対してミサイルを発射するべきかどうかの確認と、発射したミサイルが命中するかどうかの判断を行います。

また、前席パイロットはウイングマン（編隊の僚機）との位置関係や、他の編隊との連携の調整などを行います。

バックミラーは、思っていたよりもよく見えるのですね　私の**クルマのミラーと同じメーカー**だったので驚きました！

熟練した後席パイロットだと、先に標的を発見してレーダーを操作してロックオンしたり、ミサイル発射の可否の判断や周囲の安全確認を、前席パイロットよりも先手に回って行うこともあります。また、前席パイロットが前方のターゲットに集中している間に、後方監視して敵にロックオンされることから回避するための機動を前席パイロットに対して促すこともあります。「機体を自分で飛ばしている」という気持ちで任務を果たしていれば、後席パイロットも忙しいのです。

前後席のパイロットが任務を果たすためには、刻一刻と変化する状況を同じように理解して対処できるように連携する必要があります。

画像提供：第301飛行隊

インメルマンターンと呼ばれる機動の一部で、水平飛行から機首上げして上昇し、そのまま完全に背面となるまで機動を続ける前（下画像）と後（上画像）。

空の色は濃く、海面は遠くなって、高度を上げた様子がうかがえます。F-4E の運用上限高度は、約 19km で、どのような雲よりも高いところです。

画像提供：第301飛行隊

戦闘機の着陸は、オーバーヘッドアプローチと呼ばれる、ピッチアウト（滑走路上空に進入後、着陸に向けて旋回を開始）してロールアウト（旋回が完了）するころには着地するようなパターンとなります。

これは、編隊の前に位置するほど顕著になります。編隊の後の機体は、前の機体に合わせてピッチアウトしていくことになりますので、前の機体の旋回が大きくなってしまうと、後の機体はその分さらに大きく旋回しなければならず、編隊全体の着陸に時間が掛かることになってしまうためです。このためHUD（Head Up Display：視野正面に飛行諸元などを表示する装置）の中に滑走路が入っていることはなく、目視で経路を把握しながら着陸することになります。

左前方に滑走路、その先に霞ヶ浦が見えていますね。百里基地のパイロットは、こんな景色を見ながら着陸しているのですね
後席から**前方がほとんど見えない**のですね

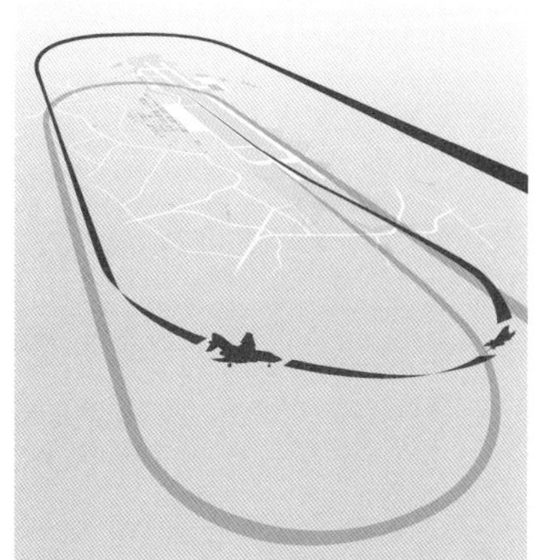

画像提供：第301飛行隊

画像提供：第301飛行隊

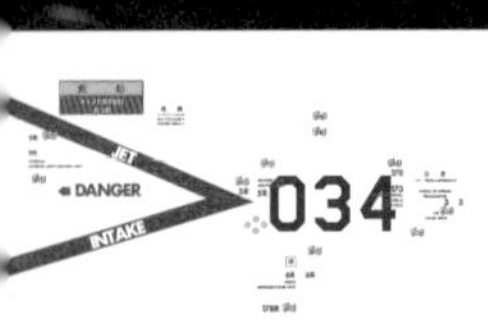

5. 基地へ帰還

着陸

画像提供：第301飛行隊

BATTERY
救　助

6, 仲間の飛行を見守る

モ　コントロール・ユニット

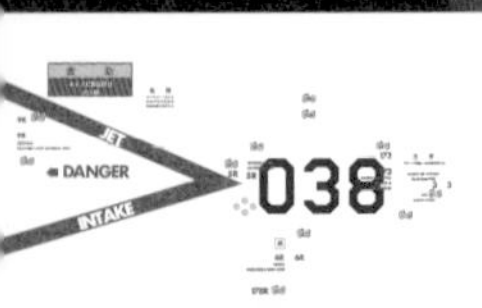

画像提供：第301飛行隊

滑走路脇には、離着陸を見守るためのモーボ（Mobil Control Unit：モビールコントロール・ユニット）と呼ばれる移動式の指揮所が置かれていて、外部から機体や離着陸経路などに異変がないか目視確認を行います。万一、降着装置が完全に降りていないなどの異変がある場合は無線で指示を行います。また、無線の故障に備えて、強力な投光器を用いたモールス信号機も据え付けられています。

この任務は、離着陸を行う飛行機が所属している飛行隊のパイロットが行うことになっています。第301飛行隊のファントムⅡと第3飛行隊のF-2が前後して離陸する状況では、両飛行隊に所属するパイロット1名ずつが見守っていました。

離着陸に関わる管制は、基地に所在する管制隊が行っていますので、モーボでの任務は緊急度の高い状況に備えてのことだともいえます。それを果たすのが同飛行隊のパイロットであることは、仲間としての信頼関係が求められてのことなのではないのでしょうか。

モーボへの移動はキャノピースクーターを使うんですね。撮影が趣味の友人が「**ピザ屋が来た**！」って言っていたので笑ってしまいました

301SQ
確実に閉めろ!!
OPEN
301SQ

百基
7空団
MCU-0100

JET
DANGER
INTAKE

7. 航行灯を点けて夕闇を飛ぶ

ナイトフライト

画像提供：第301飛行隊

57-8355
危　険
アレスティング・フック

画像提供：第301飛行隊

2019年 百里基地航空祭での展示飛行から読み解くファントムⅡ

ファントムⅡの機体形状を読み解いていくと、艦隊防空のために多くのミサイルを携行して長く飛ぶための機体であることが分かります。しかし、基地航空祭で見せてくれたF-4EJ改の展示飛行はダイナミックなものでした。第301飛行隊のパイロットたちは、F-2やF-15に比べて機動性に劣るファントムⅡで、どのようにして鮮やかな展示飛行を見せてくれたのでしょうか。

そこには展示内容の組み立てや機動の研究など、工夫があったに違いありません。2019年の百里基地航空祭での展示飛行に深く関わった2人のパイロットに話を聞いてみました。

小祝3等空佐：展示飛行では**315号機の機長**として、単機による課目を中心に操縦を担当しました。

展示飛行を行う操縦者の選定は、技量及び希望等を勘案し、飛行隊の訓練係が計画し、最終的に隊長の飛行命令により示されます。

飛行開発実験団に在席したことがあるのですが、様々な**試験飛行の実務における経験**を反映した展示飛行にすることができたと思います。

以下 敬称略

水野3等空佐：展示飛行の実施時には**ナレーションを担当**しました。

また、来場者に対して、F-4の機動飛行を最大限理解していただけるよう、**細部飛行要領の検討**を一緒に行いました。

加えて、今回、課目の内容やタイミングもさることながら**ナレーションも考慮して複合的に検討**しています。

以下 敬称略

飛行展示の課目はどうやって決めたの？

さまざまな課目を見せてくれた展示飛行、その内容はどうやって決めるのでしょうか？

小祝：飛行展示は**上昇性能、旋回性能、速度性能等、F-4の飛行性能を展示**できるよう、割り当てられた時間内で最大限、実施可能な課目、機数を検討後、それら飛行計画等を上級部隊に申請し、承認を受けて、最終的には7空団が発する命令により実施しています。

水野：撮影を目的に来場している人も多いので、**太陽と機体の位置を考慮**して展示飛行の内容を組み立てました。速度に関する制約もあるのですが、承認を受けて普段の基地周辺域での速度よりも早い領域を使っています。

水野：隊舎の前に掲出した展示飛行の内容の解説は、ある**基地の航空祭で同様のイラスト**を目にして、とても判りやすいと思いまして、オマージュさせていただきました。課目の内容など、場内のアナウンスだけでは解説しきれませんし、J79のエンジン音でかき消されてしまうので、その補足として、来場者の理解が深まるようにヘタクソな絵ですが解りやすく描いたつもりです。2日ぐらいで描きました。

自ら315号機の操縦を行った2019年新田原基地航空祭の飛行展示解説用イラストも、水野さんによって描かれたもの。展示飛行の内容も、撮影している人が喜んでくれればと思いながら組み立てたそうです

水野さんの手描きによる2019年百里基地航空祭の飛行展示課目の解説。各課目の名称は、その内容が分かりやすいように通称を使っているそうです

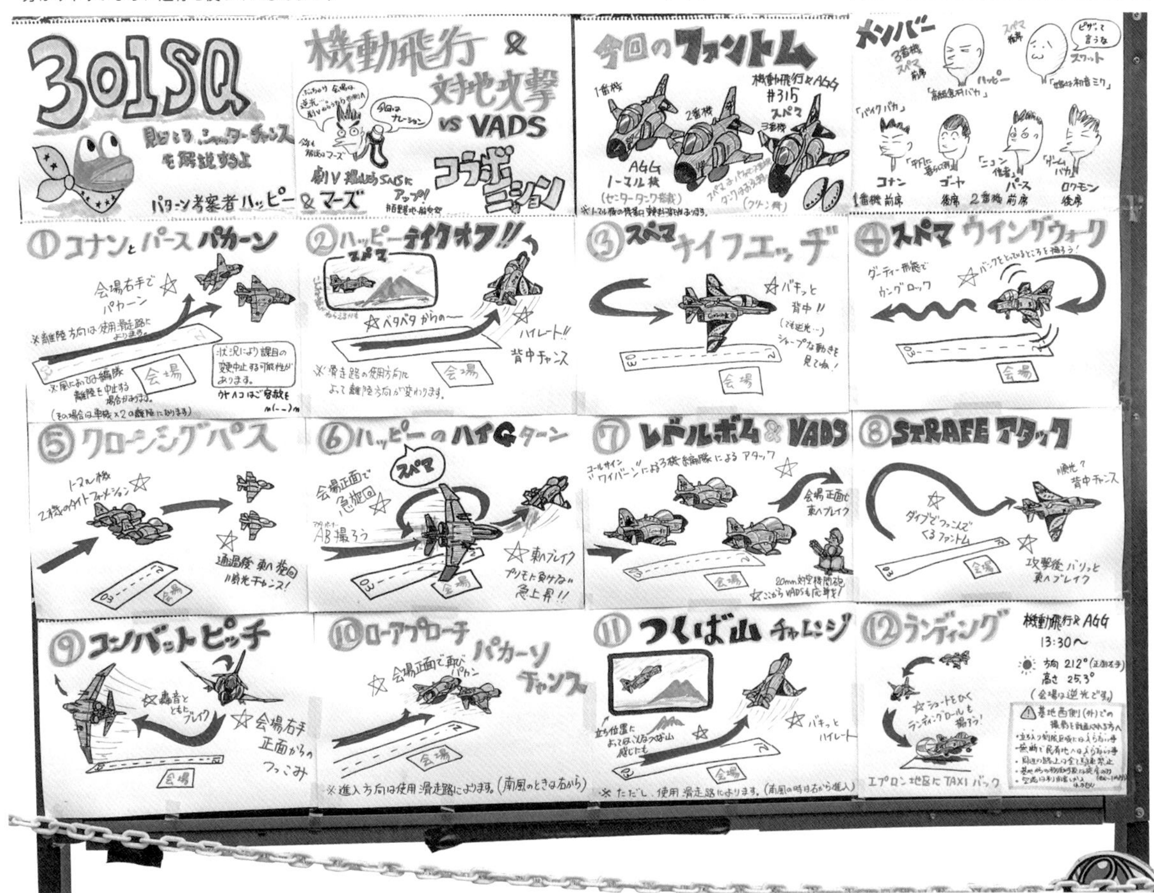

レベルボム後の鮮やかなハイレート

低空から一気に高度を上げるハイレート。中でもレベルボムからの**315号機のハイレートとレベルオフ**は鮮やかなものでした。

小野：あの**ハイレート**（急上昇）は、戦技・戦術訓練の範囲では扱うことがほとんどない飛行領域なので、**飛行開発実験団の経験がある**小祝だからこそできた展示だと思っています。

小祝：航空祭当日は、ほぼ90°の機首上げを行ったのですが、TO（Technical Order：技術指令書）に描かれている**チャートをもとに、少しずつ機首上げの角度を大きくしながら訓練**を行うことで安全に飛行できるようにしています。

小祝：ハイレート後の**レベルオフ**（機体を水平に戻す）のに、**機首下げ**を行いました。この時、機体にはマイナスGがかかります。航空機は**マイナスG**を大きく掛けるようには設計されていません。

ハイレートからレベルオフするために、いったんロール入れて背面にするのと、機首下げするのと、必要となる高度はそれほど変わらなかったと思います。どちらの場合でも失速までの余裕が大きく変わらないことから、背面にするためのロールの時間分、機首下げの方が効率的だったのかもしれません。

エプロン（駐機場）地区北端に設置されたVADS（対空機関砲）を目標として緩く降下した後、反撃を避ける想定で急上昇を行う315号機
激しい機首上げで主翼上面の気圧が下がり、雲ができています

戦闘中などはプラスGがかかるように飛行するために、レベルオフする際は目的の高度の手前でロールして背面になり、機首上げで機体を水平にするのが一般的です

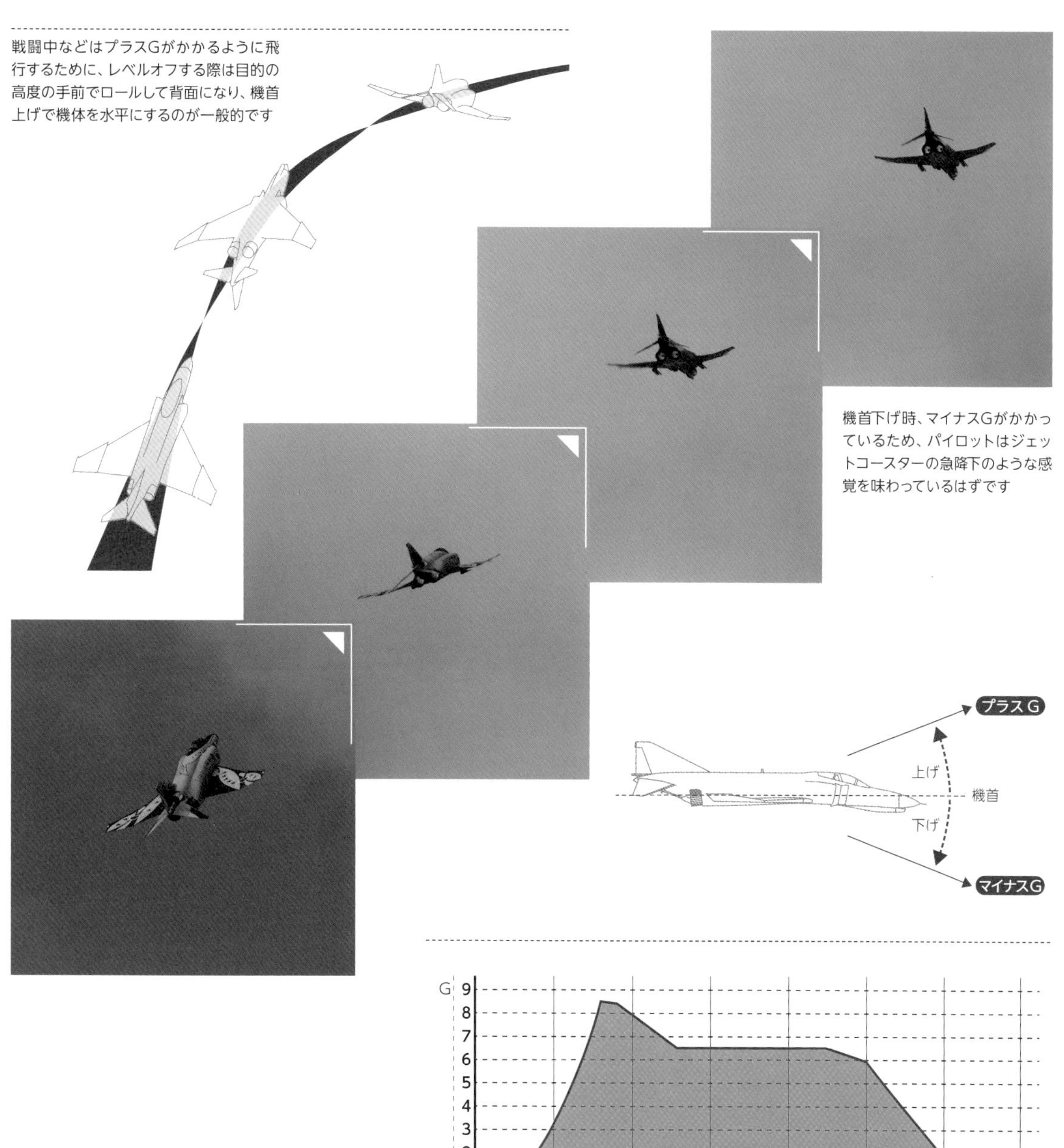

機首下げ時、マイナスGがかかっているため、パイロットはジェットコースターの急降下のような感覚を味わっているはずです

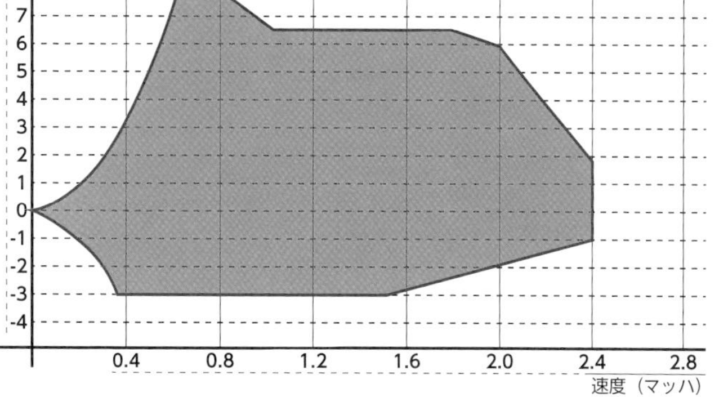

F-4EのTOに描かれている、G（加速度）制限を示した図。プラスGでは8G前後まで耐えられるのに対して、マイナスGでは-3Gとなっています
通常、TOは機密扱いですが、アメリカ空軍では運用が終了しているため、F-4Eのものは一般に公開されています
F-4EJ/EJ改ではJTO（Japan Technical Order）が航空自衛隊によって作成されていて、F-4EのTOとは違う部分もあると思われます

課目の間は、何をしていますか？

課目の後、視界から消えて、次の課目で再び現れるまで何をしているのでしょう？

小祝：一連の飛行について、安全かつ、最適な間になるように、課目間の飛行速度や高度、各機の位置を決定しています。また、**1番機の離陸時間から時系列に沿って、各機の場所を決めて**いますので、課目の間で改めてタイミングを図ることはありません。課目の開始、終了は無線機で送信します。例えば3番機が滑走路上にいるときには、1,2番機は経路上を飛びながら**次の課目に必要な飛行諸元（速度や高度）**を整えています。

水野：飛行の経路や諸元を地図に書き込み、検討しました。当日も、その通りに飛んでいます。間が空かないように、制約の中で演目を詰めていくのですが、**ジョインナップ（編隊を組み直すこと）が無理なくできるように調整**するのが難しいんです。

基地上空を離れ、飛行諸元を整える434号機と440号機

ロールと引き上げ、同時にできないの？

滑走路上で課目を終えた後、ロールで機体を傾けてから、機首上げを行って離脱していました。なぜ、操舵を分けるのでしょう？

小祝：航空機の制限上、ロール操舵と引き起こし操舵を分離したほうが、制限が緩和されるため、そのように操舵しました。引き起こしとロールを同時に行うことは難しいことではありません。

左右の主翼が均等に揚力を発生している状態を「**対称**」といいます。対して、ロールや横滑りにより揚力が左右の主翼で異なる状態を「**非対称**」といいます
F-4EのTOには、「**対称**」だけでなく「**非対称**」の状態のG制限が描かれた図も掲載されています。この2つを重ねた図が右図になります。「**対称**」な状態に対して「**非対称**」のほうが、制限が厳しいことがわかります
ロール操舵を行うと「**非対称**」な状態となり制限が厳しくなるので、ロールと引き起こしの操舵を別に行った方が、より限界に近い機動を行えるということになります

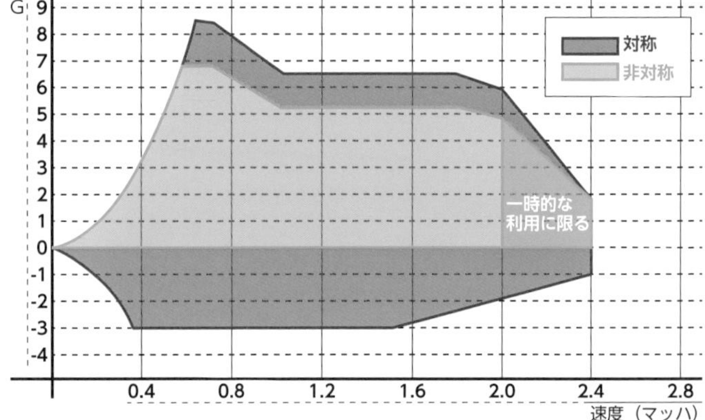

ファントムⅡにメッセージをください！

運用が終了するF-4EJ改に、どんな言葉を掛けたいですか？

小祝：まずは、こんなカッコイイ戦闘機を作ってくれた人に感謝を。それを整備してくれた人たちにも感謝しています。そして、カッコよくて整備の行き届いた戦闘機に乗れるパイロットに育ててくれた人たちにも感謝しています。

部隊では、人に恵まれました。今の私の人格は、飛行隊の人たちの人柄によって得られたものだと確信しています。「誰よりもF-4を動かせるパイロットになりたい」と思いながら、後席で先輩の操縦を学び、頑張ってきました。今後は、コンピュータの入っていないF-4を飛ばした経験を元に、操縦にワークロードを割かなくてい良い航空機の開発を目指して頑張っていきます。

水野：F-4には「ありがとうございました」と言いたいです。F-4で17年間飛んできて、「戦技のいろは」の基本がやっとわかってきました。その時間をくれた部隊にも感謝しています。次の戦闘機に行っても、その基本は変わらないので、新機種を見据えて後輩に伝えていきたいと思います。

コクピットから“301”ハンドサインを示してくれた水野さん

EXT TANKS
STAND-BY
COMPASS
ARMAMENT CONTROL PANEL
OXYGEN REGULATOR
CAUTION
CHAN SET
MAN FREQ
395 FWD
301SQ 3/3
COCKPIT
LIGHTS
STEPS DOWN
ENGAGE
AFCS
DANGER
INTAKE

F-4EJ(改)の前席コクピット。主に操縦や攻撃を担当します

F-4EJ(改)の後席コクピット。主にレーダー操作や航法を担当します

STAND-BY COMPASS
CHAFF
ALE 53
RADIO CALL 77-8395
PLT EJECT
PULL-TURN
MRM
MASTER CAUTION
FAIL
LANDING
WHEELS
FLAPS
ARMAMENT
HARNESS
1 INS BRG 2 TACAN
1 INS BRG 2 INS TRACK
1 UHF/ADF 2 TACAN
4 MIN TURN
TAKE-OFF
CONTROLS
WINGS
TRIM
FLAPS
HOOK
HARNESS
WARN LTS
CAUTION
DO NOT LOWER GEAR OR FLAPS ABOVE 250 KTS.
301SQ 1/3
301SQ 2/3
80X
DEST DATA
STEER
DATA SELECT
DANGER

計器の基本的な配置

佐々木さん：メーター類を注視するようなことはありません。飛行計器やエンジン計器は、異変を感じた時に視線を落とす程度です。肘のあたりのスイッチは、ほとんど触ることはないですね。

飛行機の計器配置は、基本的に「T 型配置」が用いられます。姿勢指示計を中心に、速度計・高度計・方位指示計を T 型になるように配置することで、パイロットが飛行機の状況を把握しやすいことが長年の経験からわかり、現在ではほとんどの飛行機の計器はこの配置となっています。

エンジン関連の計器が T 型配置の右に置かれるのも、一般的なようです。その他の計器は、重要度に応じて、T 型配置の計器の近くに置かれます。

HUD

佐々木さん：HUD は、視線の位置が投影される映像に一致できるように調整する必要はありますが、視界に必要な情報が表示されるので、便利です。

激しく機動しながらも飛行状態を把握しなければいけない戦闘機には HUD（Head Up Display：ヘッドアップディスプレイ）が装備され、パイロットの前方視界に重なるように、機体の速度・高度・迎え角・機体が向かう方向などを表示することができます。また、レーダーで捉えたターゲットの情報も表示することができます。

HUD を通した前方の景色を動画で録画することができるビデオレコーダーも搭載されています。

スロットルレバー

佐々木さん：スロットルレバーの操作は、左右のエンジンそれぞれに割り当てられた 2 つのレバーを左手で一緒に握り込んで操作します。2 機のエンジンが同じスロットル位置で同じパワーが出ることはありませんから、計器を見ながら位置を調整します。スロットル位置の差異が大きい場合は、整備員とともに検討をします。とはいえ、左右のパワーが違っても、エンジンの間隔が近いですからヨーが出るほどではありません。片方をアイドル、もう一方をフルアフターバーナーにしたらじわっと動きます。

F-4EJ 改への改修時に、HOTAS（Hands On Throttle & Stick）という考えのもと、スロットルレバーから手を離すことがなく戦闘時に必要となる操作を行えるように、形状の変更とスイッチ類の追加が行われました（操縦桿は改修されませんでした）。

教えてくれる人：佐々木 康雄

元航空自衛隊パイロット。第304飛行隊でF-15に搭乗。飛行開発実験団に在籍したことがあり、ファントムⅡとF-2の操縦経験もある。現在は『ラグジュアリーフライト Fighter店』にて、戦闘機シミュレータのアドバイザーをしている

計器の基本的な配置

佐々木さん：真っ直ぐ飛ばすという意味では、「ボール」と呼ばれる計器が大切で、これが中立にあれば真っ直ぐに飛んでいる事になります。F-4では、ヨーストリングが真っ直ぐになるように、ラダーのトリムを調整します。しかし、ヨーストリングが真っ直ぐ流れているのに、ボールが偏っていることがあります。ヨーストリングのほうが正確で、ボールを基準にするとヘディング（機体の向いている方向）がじわっと動いていったりします。ヨーストリングとボールの差異は、長年使っているために機体が捻れているためです。

ヨーストリングは、コクピット前方の機首上面に装着されている"ひも"のことです。機体が直進方向に対して左右に向いてしまっている状態を「横滑りしている」といいます。ヨーストリングが機体に真っ直ぐに流れていれば、横滑りしていないことを確認できます。

ヨーストリンガーは化学繊維の紐で、機首上面の金具に"もやい結び"で結びつけることになっています。このとき、直進の目安になる黄色いラインと同じ長さになるように調整します。

現在はヨーストリングを装備している飛行機は少なく、横滑りを示すのは「ボール（Slip Indicator：横滑り計）」と呼ばれる計器になります。

戦闘機の操縦をシミュレータで体験

Route#01
羽田空港に戦闘機に乗りに行く

友人から「羽田のフライトシミュレータ体験ができるところに、ファントムⅡの操縦経験もあるパイロットの方がいる」という話を聞いて、さっそく予約を取り、店舗を訪れてみました。

東京モノレールの天空橋駅を降りると、羽田空港から航空機燃料の香りが漂ってきます。羽田イノベーションシティというグランドオープンを2022年にひかえた真新しい建物に入り「ラグジュアリーフライト」の店舗に到着しました。

Route#02
戦闘機はF-35B、F/A-18、F-16の3種類

予約時に、乗りたい機種の説明などを受けていたのですが、実際にシミュレータを前にすると、景色が映し出されるスクリーンの大きさや、コクピットの造型に圧倒されます。

3つ置かれているシミュレータ装置は、それぞれF-35B、F/A-18、F-16が再現されています。その中から、私はF-35Bを選択しました。ファントムⅡの運用部隊であった第301、302飛行隊が新たに運用するF-35Aに近い操縦体験をすることができるのではないかと思ったためです。

ホームページ：https://737flight.com/hicity-store/

F-35Bのフライトシミュレータの全体像
水平方向の視野のほとんどを覆うスクリーンが設置され、視界中央にはHUDのように飛行諸元が投影されています

Route#03
アドバイザーはファイターパイロット

シートをスライドさせて、スロットルと操縦桿をリラックスした状態で握れるように調整したら、エンジンスタート。F-35Bは滑走路上にいるので、そのままスロットルを押し込んで加速し、離陸します。はじめにロールして旋回。そして速度を十分に確保してから宙返り。

スクリーンの正面には、速度や高度、機体の傾きなどの飛行諸元が表示されています。それらを指示棒で示しながら、操縦桿をどう動かしたら良いのかアドバイスしてくれるのは、元戦闘機パイロットの佐々木さんです。

第304飛行隊でF-15を操縦していたという佐々木さんは、飛行開発実験団に在籍時に、F-4とF-2の操縦経験もあるそうです
TACネームはPockyだったそうです。その由来は、ぜひ、お店を訪れて聞いてみてください

Route#04
操縦桿が真っ直ぐに引けない

操縦桿は実機の通り、右のコンソール上にあります。佐々木さんに「真っ直ぐ引くように注意してください」と言われましたが、これが意外に難しいのです。気がつくと、自分の体に引きつける

ように左斜めに引いてしまい、機体は左にロールしながら機首上げをすることになってしまいます。F-2 や F-35A もサイドスティックですが、実機のパイロットの人達は、どうしているのでしょうか？

もう一つ、上手くいかなかったことが「当て舵を当ててしまう」ことでした。「当て舵は必要ありません」と佐々木さんにアドバイスされてもなお、操縦桿を倒して所定の角度までロールさせたところで、少しだけ逆に操縦桿を入れてしまうのです。このせいで、機体はゆらゆらと左右に揺れてしまい落ち着かなくなってしまいました。

操縦桿は軽く握り、必要なだけ動かす。「反力がないので、入力装置だとおもって操作すると上手くいく」とのことでした。

操縦席の隣に立ち、操縦桿の扱いや、飛行諸元などのアドバイスをする佐々木さん　飛行開発実験団に在籍していた時に、試験飛行操縦士課程の教官も務めたということで、本格的で的確なアドバイスをしてくれます

Route#05

百里基地も
あっという間

お願いして、百里基地に着陸させてもらいました。スクリーンに表示されている方角表示をもとに、機首を北東方向へ向けます。それとともにスロットルレバーを大きく前に出すと、速度表示は音速の 1.2 倍を示しています。「現実の世界だったら、衝撃波で大騒ぎになっていますね」と佐々木さんにいわれて、慌ててスロットルを戻して亜音速域まで速度を落とします。しばらくして、佐々木さんの示すポインターが霞ヶ浦の位置を教えてくれました。自動車で横田基地周辺から百里基地まで行こうとしたら、3 時間はかかるでしょう。

霞ヶ浦上空に達するころから、出力を絞って高度を下げ、百里基地の滑走路が見えてきました。機体が向かっている位置を示すヴェロシティヴェクター（Velocity Vector：速度方位）のマーカーを滑走路の着陸地点と重なるように微調整を行います。

佐々木さんのアドバイスに従って機体速度や機首の迎え角を調整しているうちに滑走路が迫り、降ろした主脚が地面を捉えた音が聞こえてきました。ラダーペダルを左右同時に踏み込んでブレーキを掛けて、機体停止。

30 分ほどのフライトでしたが、シートを降りて立ち上がった時に、少し足元がおぼつかなくなっていました。三半規管が混乱したのかもしれません。それに、かなり緊張していたようで、手の平にじっとりと汗をかいていました。

操縦者の前には、実機さながらの液晶ディスプレイが設置されていて、周辺の地図などの様々な情報が表示されています

Route#06

対戦闘機戦闘までの
道のりは遠い

十分な満足感とともにフライトを終えました。それとともに、戦闘機パイロットの凄さを、少しながら理解できたような気がします。

飛行機には、機種ごとに最適となる飛び方があります。例えば高度を保った方向転換には、最も効率的な半径が速度に応じて決められています。飛行機は速度により揚力を発生して飛行しているので、速度を失うことは飛び方の自由度が減ることに直結しています。なので、「相手に対して優位に立つため」には、常に最も効率的な操縦が求められることになります。

肉体的には激しい G を受け、精神的には果たさなければいけない任務を帯びた状態で、最適な機動を秒単位で判断して操縦を行う戦闘機パイロットは、私には想像できないほどの超人であるように思えました。

The World of Phantom Keeper

49年にもわたるファントムⅡの運用。その長い期間において、厳しい任務を常に第一線で果たすことができたのは、多くの整備員の人たちの愛情が注がれ続けたからに、違いありません。

百里基地で最後まで、ファントムⅡの運用を支えた人々に、その思いを聞いてみました。

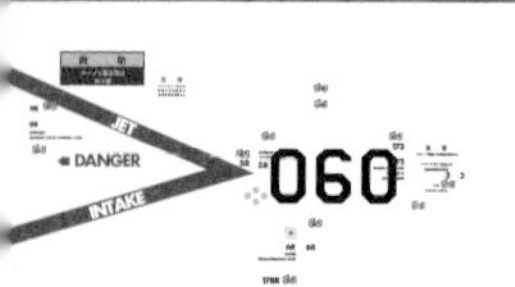

画像提供：第301飛行隊

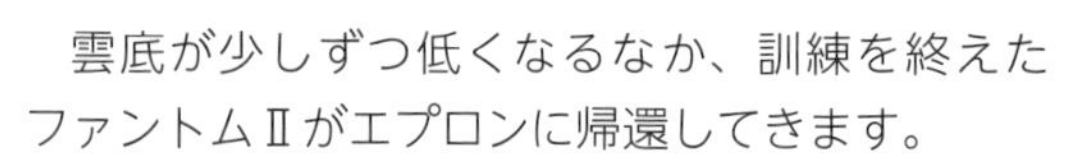

雲底が少しずつ低くなるなか、訓練を終えたファントムⅡがエプロンに帰還してきます。
ハンドサインによる誘導を受けてスポットに一時停止すると、整備員は主脚のタイアに走り寄り、タイヤの状態を確認し、再び機体を進めて定位置でチョークをかけます。エンジンを掛けた状態でフラップの境界に手を当てて、BLC（Boundary Layer Control：境界層制御）が機能しているか確認した後、エンジンがカットされました。

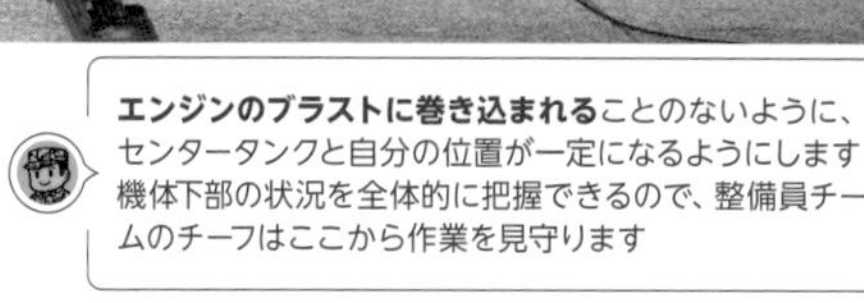

エンジンのブラストに巻き込まれることのないように、センタータンクと自分の位置が一定になるようにします
機体下部の状況を全体的に把握できるので、整備員チームのチーフはここから作業を見守ります

次の飛行に向けての作業が機体各部で進められています。機体下部では燃料補給やオイルの補充など、コクピットでは機体の状態確認、インテークではエンジン前端の状況確認が行われていました。

インテークの中に入る時は、脚立に登ってから入り込むことになっています

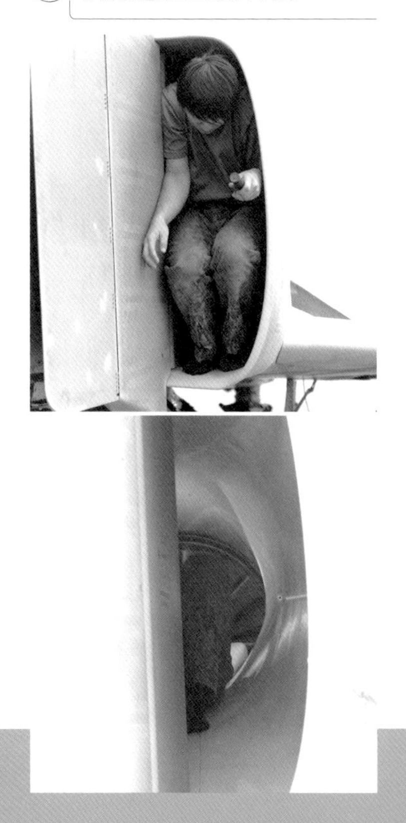

雨が降り始め、コクピットが濡れないようにキャノピーが閉じられたファントムⅡを格納庫に納める作業が進められていきます。

機体が格納庫の所定の位置に停められ、全ての機体からけん引車が切り離されると、格納庫の扉は閉じられました。

すると整備員たちは、コクピットにラダーを掛け、「雨天用」と書かれた箱から布を取り出して雨に濡れたキャノピーを拭き上げていきます。この作業が終わると、格納庫は穏やかな雨音に包まれました。

Last Phantom Keepers

第301飛行隊 整備小隊

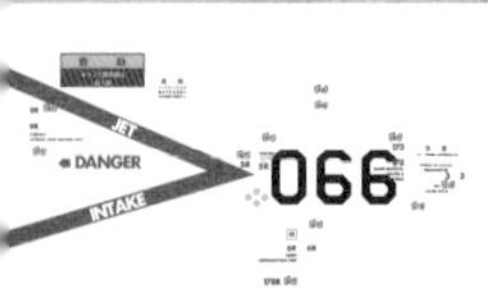

57-8355

ファントムⅡの好きなところ

1 第301飛行隊整備小隊の方たちに聞いてみました

回答者★大久保 直人 3等空尉　ニックネーム★ゲッター　所属★整備小隊付幹部

Q1 ファントムⅡを初めて知ったのはいつですか？
記憶でしっかりしているのは、入隊後、間もない幹部候補生の時にあった、百里基地研修の際に見たのを覚えています

Q2 ファントムⅡとの、かかわり方はどのようなものですか？
列線の整備幹部として、整備員全員及び列線の全般監視、整備記録の確認や署名などの整備管理業務を行っています。

Q3 ファントムⅡの好きなところ・嫌いなところはありますか？
●好きなところ
全てです。あえて言うならばF-15やF-2と違い、複座型である点や前脚がダブルタイヤの点などなど…
●嫌いなところ
強いていうなれば、改修されているが、改修においてスイッチのみ残っている等、他の機体に比べて複雑なこと。
元の設計が古いため、マイナーな部品が多く維持管理に気を使わなければならないこと。

Q4 作業の難しいこと・大変なことはどのようなことですか？
私は直接作業をする訳ではないのですが、あえて言うならば翼が低翼配置なので中腰の姿勢で機体下を動き回らなければならない点です。

Q5 ファントムⅡの「残したいもの、残したいこと」はありますでしょうか？
F-4は航空機として基本的な構造をしており、機械工学的な面からは非常に勉強となる機体である点です。直感的に理解しやすい点は今後の航空機に継承してほしいです。

Q6 退役してゆくファントムⅡにメッセージをお願いします。
長年にわたり、日本の空を護って頂き、ありがとうございます。F-4部隊の最後の整備幹部をできて、とても嬉しく思います。機体としてはもうすぐ運用を終えてしまいますが、記憶と歴史の中で生き続けます。本当にお疲れ様でした。

回答者★福村 純一 2等空曹　ニックネーム★シザー　所属★列線整備

Q1 ファントムⅡを初めて知ったのはいつですか？
中学生の時にプラモデルでF-4を作りました。武装の種類が多く、速そうな、いかにも戦闘機という印象がありました。

Q2 ファントムⅡとの、かかわり方はどのようなものですか？
列線整備のクルーチーフを担当しています。主に機体の移動から飛行前後の点検まで、一日を通して飛行に携わっています。

Q3 ファントムⅡの好きなところ・嫌いなところはありますか？
●好きなところ
離着陸する姿に迫力がある。
●嫌いなところ
何をするにも手間がかかる。

Q4 作業の難しいこと・大変なことはどのようなことですか？
作業をする部品に接近するのに何かと取り外す部品が多いのに苦労します。特に外装タンクです。

Q5 ファントムⅡの「残したいもの、残したいこと」はありますでしょうか？
長く運用された機体なので長年のノウハウがあります。
これからもF-4で培った、品質と安全を向上させるための問題意識を持ち続けたいと思います。
多くの機器のスイッチや密集しているコクピットを残してもらい、たくさんの方に見てもらいたいです。

Q6 退役してゆくファントムⅡにメッセージをお願いします。
何機かは展示機になるので同じ場所の展示機と一緒に、これまで飛んできた空の思い出話に花を咲かせてもらいたいと思います。

回答者★小堀 敦弘 空士長　ニックネーム★ディズニー　所属★列線整備

Q1 ファントムⅡを初めて知ったのはいつですか？
小学生の頃に父親に初めて連れて行ってもらった百里航空祭にて、F-15より大きいAB（アフターバーナー）の音に驚いた。それが私のF-4との出会いでした。

Q2 ファントムⅡとの、かかわり方はどのようなものですか？
いわゆる列線のAPGです。過去に小松の展示機となった404号機、美保の展示機となった439号機の機付長を務めていました。

Q3 ファントムⅡの好きなところ・嫌いなところはありますか？
●好きなところ
J79の迫力のあるサウンド
●嫌いなところ
強いて挙げるなら、手がかかるところです。

Q4 作業の難しいこと・大変なことはどのようなことですか？
初めて整備する飛行機がF-4だった為、どの作業においても難しく大変でした。

Q5 ファントムⅡの「残したいもの、残したいこと」はありますでしょうか？
機付長をした機体のラジオコールのプレートは個人的に欲しかったです。

Q6 退役してゆくファントムⅡにメッセージをお願いします。
整備のいろはを教えてくれたF-4には感謝してもしきれません。
J79の音を奏でながら優雅に大空を飛ぶF-4を見られなくなるのは悲しいです。
Thank PhantomⅡ！

回答者★中村 太一 3等空曹　ニックネーム★タイチ　所属★列線整備・355号機 機付長

Q1 ファントムⅡを初めて知ったのはいつですか？
幼少期から百里基地に飛行機を見に来ていたので、初めて見たときはRF-4でした。
私の中ではファントムⅡ＝RF-4という印象で育ちました。

Q2 ファントムⅡとの、かかわり方はどのようなものですか？
主に担当航空機（355号機）の全般管理です。飛行前後の点検、タイヤ交換、
外装TANKの取り付け、キャノピ清掃、整備記録の記入、保管など多種多様です。

Q3 ファントムⅡの好きなところ・嫌いなところはありますか？
●好きなところ
アナログでシンプルな機体構造、2人乗りなところ、パイロットがいい人ばかり。
●嫌いなところ
嫌いなところはない。

Q4 作業の難しいこと・大変なことはどのようなことですか？
エンジンオイルの残量ゲージが付いていないので、オイルが少なくなってもわからない、
そのためフライト毎にエンジンオイルを補給しなければならないし、
残量が分からないので満タンになってあふれてくるまで補給しなければならない。
なぜ、ゲージが付いていないのか…。

Q5 ファントムⅡの「残したいもの、残したいこと」はありますでしょうか？
そのままでもっと日本全国に残したい。
個人的にはダンダラ（ファントム無頼塗装）の320号機を展示機にしたかった。

Q6 退役してゆくファントムⅡにメッセージをお願いします。
今まで担当したのは第302飛行隊在籍時にF-4最後の戦競で隊長機だった426号機、
ファントム無頼で有名になった、320号機、そして、現在の第301飛行隊では最後まで残った355号機。
どれも形としては残らなかったけれども、いつまでも心の中に残っています。
“いつも心に尾白鷲”　“Go for it 301sQ”、ありがとうファントム。

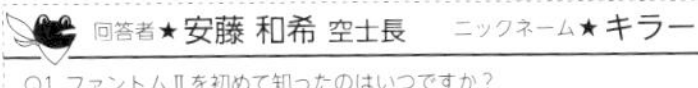
回答者★安藤 和希 空士長　ニックネーム★キラー　所属★列線整備・437号機 機付長

Q1 ファントムⅡを初めて知ったのはいつですか？
18才の時、愛知県小牧市でテイクオフするF-4を初めて見た。
印象は体に響く重たいENG音がカッコよかった。

Q2 ファントムⅡとの、かかわり方はどのようなものですか？
437号機の機付長として機体全般の管理や整備作業。

Q3 ファントムⅡの好きなところ・嫌いなところはありますか？
●好きなところ
飛び立つ時のENG音と真正面からのフォルム。
●嫌いなところ
シュートドアが顔みたいなところ。

Q4 作業の難しいこと・大変なことはどのようなことですか？
メインタイヤを交換する時が大変。

Q5 ファントムⅡの「残したいもの、残したいこと」はありますでしょうか？
他の戦闘機に比べ、古く手のかかる機体ですが、その分、整備作業の基本、危機管理向上等々、
多くの事を学ばせてもらった。特に1秒の重さを身を持って学んだ。

Q6 退役してゆくファントムⅡにメッセージをお願いします。
約半世紀もの間、おつかれさまでした。整備員として多くの事を学ばせてくれてありがとう。

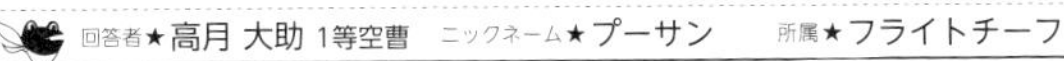
回答者★高月 大助 1等空曹　ニックネーム★プーサン　所属★フライトチーフ

Q1 ファントムⅡを初めて知ったのはいつですか？
入隊後の部隊配置がF-15の第305飛行隊で隣の偵察航空隊のRF-4を見たのが初めてでした。
初めて聞いた離陸時のエンジン音をよく覚えています。

Q2 ファントムⅡとの、かかわり方はどのようなものですか？
フライトチーフとして、1日の作業における人員の割り当て作業指示、作業現場における安全監視。
航空機不具合発生時の可否の判定など。

Q3 ファントムⅡの好きなところ・嫌いなところはありますか？
●好きなところ
形です。The戦闘機と言えば「ファントムⅡ」だと思います。
●嫌いなところ
ありません。

Q4 作業の難しいこと・大変なことはどのようなことですか？
機体の下での点検、作業をする際、屈んだまま移動せざるを得ず、腰や膝に負担がかかることです。

Q5 ファントムⅡの「残したいもの、残したいこと」はありますでしょうか？
F-4はF-15など比較的作業の標準化が図られている航空機と比べ、
一段高い技術レベルが求められているように感じます。
今後、各整備員はそれぞれ違う機種を整備することになりますが、
どんな機種でもこれまでの経験は活かされると思います。
個人的には、置き場所さえなんとかなれば、まるまる1機、F-4を持っておきたいです。

Q6 退役してゆくファントムⅡにメッセージをお願いします。
約半世紀にわたる、日本の防空任務お疲れ様でした。
各整備員は、これからもF-4魂を持って頑張っていきます。

ファントムⅡの好きなところ

2 第7航空団整備補給群の方たちに聞いてみました

ファントムⅡの定期的な点検や、大きな不具合が発生した場合は、整備補給群に所属する修理隊や検査隊が対応します。

エンジンが不調となった場合は、エンジンを下ろして修理隊エンジン小隊が修理を行って機体に搭載し、検査隊が正常に作動しているか確認を行い、機体が飛行隊に戻されることになります。

また、搭載している通信機器などは装備隊無線小隊が管理しています。ミサイルなどの武装を搭載するのは、同じく装備隊武器小隊が担当です。機体のトーイングに用いられるけん引車や、ファントムⅡのエンジン始動に必須のKM-3起動車などの車両を管理する車両器材隊も所属しています。

このように、基地に置かれたさまざまな部署に所属する人たちが、ファントムⅡを飛ばすために、尽力していたのです。

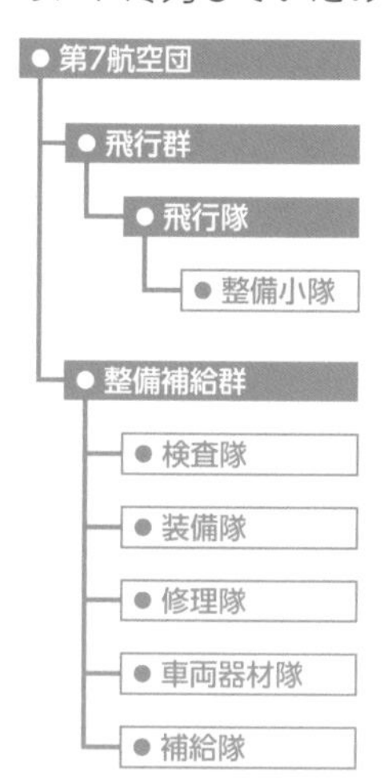

回答者★浦名 辰徳 空士長　ニックネーム★-　所属★検査隊

Q1 ファントムⅡの好きなところ・嫌いなところはありますか？
- ●好きなところ
  ターボジェットエンジンならではのエンジン音
- ●嫌いなところ
  なし。

Q2 作業の難しいこと・大変なことはどのようなことですか？
僕はまだF-4に携わって1年ほどなので、どの作業も大変に感じますが、ブレーキのセーフティー（安全線）などで特に苦戦しています。

Q3 ファントムⅡの「残したいもの、残したいこと」はありますでしょうか？
F-4整備員の整備技術。

Q4 退役してゆくファントムⅡにメッセージをお願いします。
僕に将来の夢を与えてくれてありがとう！長い間おつかれさま！

回答者★永野 裕 2等空曹　ニックネーム★ゆかいさん　所属★検査隊

Q1 ファントムⅡの好きなところ・嫌いなところはありますか？
- ●好きなところ
  “たたいたら治る“様なとこ
- ●嫌いなところ
  “たたかないと治らない”様なとこ

Q2 作業の難しいこと・大変なことはどのようなことですか？
パワーが必要だが、力まかせではダメ。それは愛。
愛は時に痛みを伴うもの。

Q3 ファントムⅡの「残したいもの、残したいこと」はありますでしょうか？
機転、閃き、創意工夫。

Q4 退役してゆくファントムⅡにメッセージをお願いします。
俺も連れてってくれ。

回答者★木村 修一 2等空曹　ニックネーム★キム兄　所属★検査隊

Q1 ファントムⅡの好きなところ・嫌いなところはありますか？
- ●好きなところ
  どっしりとしたフォルム
- ●嫌いなところ
  なし。

Q2 作業の難しいこと・大変なことはどのようなことですか？
一筋縄ではいかないところ、職人芸が必要なところ。

Q3 ファントムⅡの「残したいもの、残したいこと」はありますでしょうか？
作業をする上での職人魂。

Q4 退役してゆくファントムⅡにメッセージをお願いします。
長い間、日本の空を守ってくれてありがとうございます。
そして、整備員として私をここまで成長させてくれてありがとうございます。

回答者★河井 富男 空曹長　ニックネーム★-　所属★修理隊 電機分隊

Q1 ファントムⅡの好きなところ・嫌いなところはありますか？
- ●好きなところ
配線図が見やすい。
- ●嫌いなところ
電機整備員が取り扱う（リレーパネル等）がアクセスしづらい場所に取り付けられており、取り外し、取り付けが面倒なところ。

Q2 作業の難しいこと・大変なことはどのようなことですか？
はんだ付け及びリレー交換の結線など技術を試される。

Q3 ファントムⅡの「残したいもの、残したいこと」はありますでしょうか？
自ら考えて整備を行うことが可能な機体なので、部品の交換要員でなく、整備員を育てられます。

Q4 退役してゆくファントムⅡにメッセージをお願いします。
昭和60年から、そのほとんどの時間を7空団や偵空隊で勤務し、百里基地でファントムの電機整備を行えたのは楽しかったです。一緒に退役しましょう。

回答者★沼尻 明浩 2等空曹　ニックネーム★-　所属★装備隊 無線小隊

Q1 ファントムⅡの好きなところ・嫌いなところはありますか？
- ●好きなところ
戦闘航空機の基礎が学べ、その後の他機種を整備する際に助かったところです。
- ●嫌いなところ
機体内の装備品等を整備するときに開ける、アクセスパネルが固くて開けにくかったところです。

Q2 作業の難しいこと・大変なことはどのようなことですか？
夏季のコクピット内の整備は熱気がこもって、非常に暑い中で精密な作業を行わなければならなかったところです。

Q3 ファントムⅡの「残したいもの、残したいこと」はありますでしょうか？
装備品を整備するときに使う試験装置があるのですが、この装置の試験項目で調整方法にコツが必要なところがあり、このようなことは残したい技術でもあると思います。

Q4 退役してゆくファントムⅡにメッセージをお願いします。
お疲れさまでした。

回答者★濱畑 博 空曹長　ニックネーム★-　所属★車器隊

Q1 ファントムⅡの好きなところ・嫌いなところはありますか？
- ●好きなところ
外観がとても良い（全体的に低くて強いイメージ）
- ●嫌いなところ
機体が低いので弾薬搭載時にはケガをしないよう注意が必要でした。

Q2 作業の難しいこと・大変なことはどのようなことですか？
長期にわたり活躍しているので、（ストックの）部品がなくなっていたところ。

Q3 ファントムⅡの「残したいもの、残したいこと」はありますでしょうか？
古い器材であったため、構造が機械的なところが多く、整備の基本となった。

Q4 退役してゆくファントムⅡにメッセージをお願いします。
長期間お疲れ様でした。今後は展示機としての活躍を期待しています。

回答者★木内 理将 1等空曹　ニックネーム★-　所属★装備隊 武器小隊

Q1 ファントムⅡの好きなところ・嫌いなところはありますか？
- ●好きなところ
故障探求が悪魔的（難しいけど楽しい）
- ●嫌いなところ
機体の高さの関係上、ほぼすべての装備品が意外と低い位置にあります。そのため、装備品等の取り外しをずっと中腰の状態で行うことになり、整備員泣かせです。

Q2 作業の難しいこと・大変なことはどのようなことですか？
今の戦闘機はある程度、故障探求箇所がコクピット内のディスプレーに番号表示されます。しかし、F-4はそのようなものがないため、故障の際は技術指令書に基づき機体内の関係する配線について、断線箇所を1本1本調べる必要があります。このため、時には翌朝まで故障探求を続けることもあります。

Q3 ファントムⅡの「残したいもの、残したいこと」はありますでしょうか？
「故障には必ず原因がある」出口のない迷路に迷い込んだような故障探求を諦めずに行うという、整備員の基本を叩き込まれたのは、このF-4という戦闘機でした。故障した物を交換して終わりというのが整備でないことを後輩に残したいです。

Q4 退役してゆくファントムⅡにメッセージをお願いします。
嫌というほど整備の辛さを教わりました。しかし、それ以上に整備の楽しさも教わりました。これから整備員として道に迷ったときは、全国各地に展示してあるF-4に会いにいきます。

Phantom II
Last Chapter
Memory of Special Markings

for 301sq.

どのようにして特別塗装機は計画されたのか

ファントムⅡ運用を締めくくるために用意された２機の特別塗装機は、どのように計画されたのか。その計画を指揮された岩木飛行隊長と、デザイン原案を考案した整備員の岡野３等空曹に聞いてみました。

計画はどのように進められたのでしょうか？

岩木：塗装のコンセプトは、私が隊長上番時に素案を考えていました。最初の 2018 年、302 飛行隊の改編があったことから特に企画はせず、第 302 飛行隊に花を持ってもらいました。残りの２年は、まさに、第 301 飛行隊イヤーとなると考えていたので、2019 年と 2020 年でそれぞれ塗装を考案しようとしていたところ、当時の団司令から、「せっかくだから最後は塗装機２機で広報しろ」との指導があり、2020 年は２機にすることになりました。2019 年版は、隊内で募集をして良かったものを選考し、黄色塗装を上申し承認を得ました。2020 年版は、最終年度となることから、隊内募集をしたものの、そのまま採用はせず、いいものは一部デザインを採用するなど、私のわがままをだいぶ反映し、上申し承認を得ました。また、２機で広報ということで、デザインの基調は 2019 年版と合うようなものとし、尾翼の塗装はファントムのマスコットである「スクープ」としました。これは、当時の中空司令官から「F-4 の最後にふさわしい塗装でなければならない」との指導を反映させたものです。

岡野：準備期間は塗料資材や、器材調整にとても時間がかかるため約４か月かかっています。

２機の意匠に込められたメッセージはどのようなものでしょうか？

岩木：[Phantom Forever] は約 50 年間日本の空を守り抜いた F-4 への感謝と敬意をこめて選んだフレーズです。

岡野：[Go for it !] という言葉で、「F-4 運用終了まで頑張りぬく」という意思表示を表しました。

メタリックブルーとイエローにはどのような意味がありますか？

岩木：メタリックブルーは過去、偵察航空隊で塗装したラメ入りの青が印象に残っており「是非に」と追求しました。飛行隊カラーの青となります。

岡野：イエローは飛行隊のフラッグシップです。

436号機の左インテークベーンに描かれたファントムⅡを運用した飛行隊のマーク。近くで見ると、筆で一つ一つ、丁寧に描かれていることが分かります
飛行開発実験団のマークがないのは「航空総隊に所属する飛行隊」というテーマによるものだそうです

岩木飛行隊長は、ファントムⅡだけで3,000時間をこえる飛行時間を持つ、生粋のファントムライダー
第301飛行隊の三沢基地への移動と、ファントムⅡの用途廃止という二つの大きな任務を果たしました

画像提供：第301飛行隊

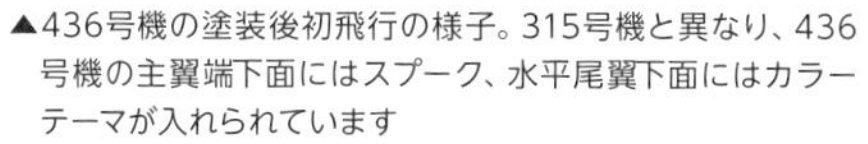

▲436号機の塗装後初飛行の様子。315号機と異なり、436号機の主翼端下面にはスプーク、水平尾翼下面にはカラーテーマが入れられています

▶436号機の胴体下面の中央には［Phantom Forever］のフレーズと第301飛行隊のカエルのモチーフが描かれています

特別塗装には どんな案があったのか

原案のイラストを見せて頂いたので、それをもとに再現したものをいくつか、紹介します。

さまざまなアイデアをもとに検討されたことが分かりますが、特に気になるのは、この段階で436号機に施されたデザインがほぼ、完成している点。このことから、436号機のデザインが先に決定し、他のアイデアを盛り込みながら315号機のデザインが作られた様子が窺えます。

第301飛行隊の隊員の皆さんによるデザインのラフスケッチ。かなりたくさんのアイデアを見せて頂いたのですが、取材の中で書き留めることができたのは、5点だけでした ここに掲載している5点は、そのメモをもとに再現したものですので、原案そのままではありません

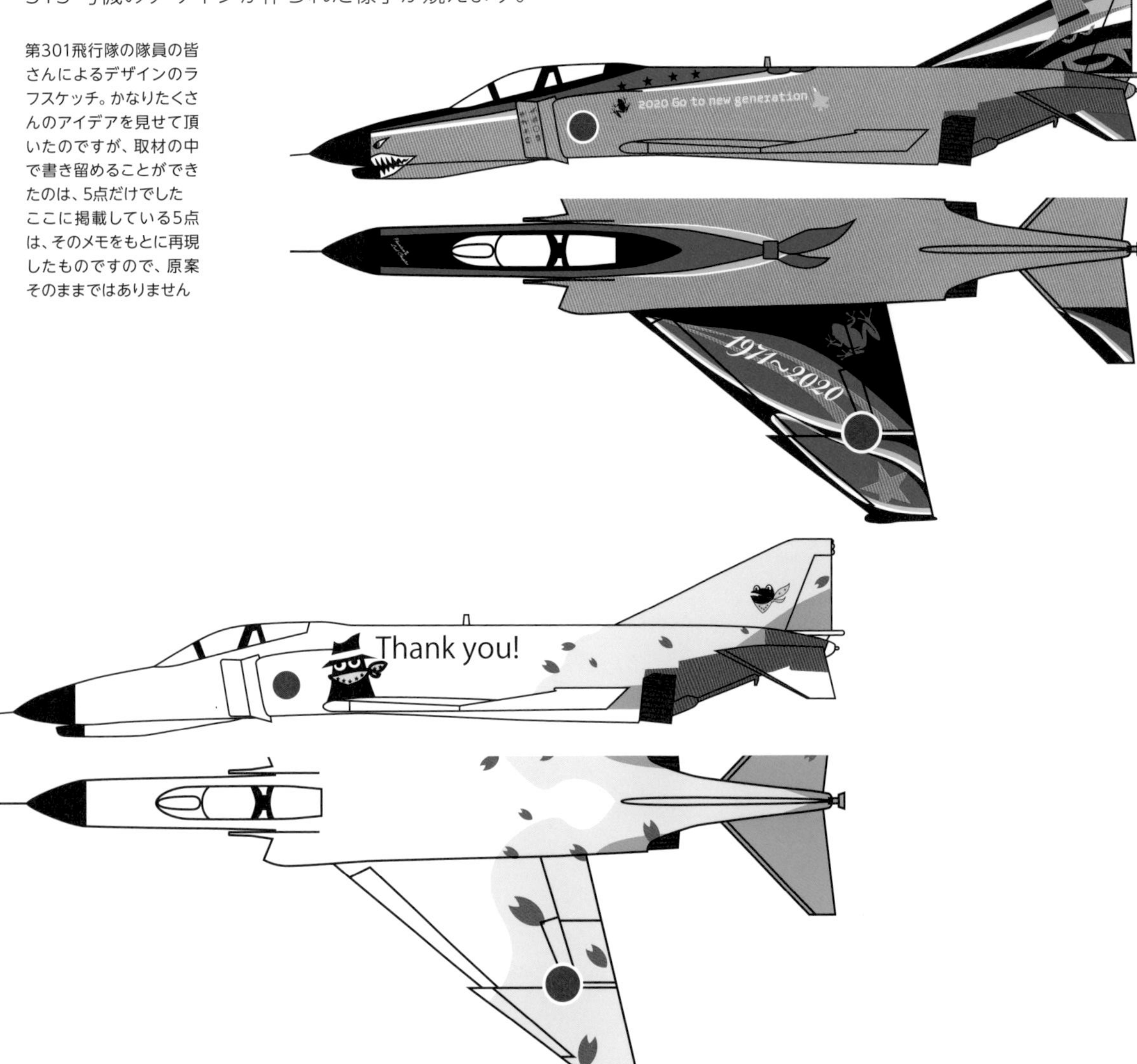

2020
2020 Go to New Generation
5195 Phantoms Forever
終焉
Parth to blaze of glory F4/F35

特別塗装機はどうやって作られたのか

実際に特別塗装機の製作に携わった整備員の皆さんに、塗装作業の苦労などを聞いてみました。

特別塗装に制約などはあるのでしょうか？

岡野：塗装箇所、塗料成分、材料調達および選定、塗装の申請及び承認、完成期限など、多くの制約の中に沢山の努力と時間が詰まっています。

大場：油性塗料は機体の基本の塗装を痛める可能性もあるので使用しません。

特別塗装を施す機体は、どうやって決めるのでしょうか？

岡野：機体ごとに使用時間が決められており、用途廃止も迫っていることから、使用できる日数や時間を逆算して選定しています。

塗料はどのようなものなのでしょうか？

岡野：市販の水性塗料です。436 号機は隊長がこだわったメタリックブルー色が特殊なため、選定するのに非常に苦労しました。結果、模型用塗料でも使用される、水性のメタリックブルーに決まりました。

デザイン画を実寸にするのはどのようにして行っているのでしょう？

岡野：315 号機のバーチカルのカエルはプロジェクターです。それ以外は、436 号機も含めてほとんどフリーハンドです。

大場：岡野 3 曹が中心となり、マスキングテープを多用して描いています。

藤原：私の担当した箇所は、PC でデザインした文字等を、紙に拡大プリントし、実機に合わせてカーボン紙で機体にトレースしました。また、塗装された 315 号機からもトレーシングし、実機にあわせたりもしました。

阿久津：鉛筆を使用してトレースしています。

広瀬：436 号機のスクープ、スカーフの結び目は型紙を使用しています。

どのような手順で塗装を行っているのでしょうか？

岡野：日頃からどの機体が塗装機にアサインされてもおかしくないくらい、機体の清掃を行っているため、下塗りから開始できました。

特別塗装に関わった5人の整備員

名前	TACネーム	階級
岡野 文彦	ヤジン	3等空曹
大場 洋志	オゥバ	3等空曹
藤原 一平	イッペイ	3等空曹
阿久津 渓	グルマン	空士長
廣瀬 亮太	リョータ	空士長

（左から）

大場：始めは機体を磨き上げ、マスキングテープを使用し、塗装をしていくという手順です。

藤原：まずはオイルの汚れを落とすために脱脂、下地塗装をしたのち、本塗装です。

阿久津：黄色や水色などは発色をよくする為、下地に白を塗っています。

広瀬：最後に保護のためクリアーを使用しています。

436 号機の尾翼などに見られる★の色は何色なのでしょうか?

岡野：シルバーと黒鉄色の混合です。比率は 1:1 です。

百里基地公式Twitter (@jasdf_hyakuri) で公開された315,436号機の特別塗装作業の様子。多くの整備員の手によって、作業が進められています。岩木飛行隊長こだわりのメタリックブルーの塗料が、特別に用意されているのがわかります
他の飛行隊で特別塗装を担当したことのある整備員に話を聞くと、「工程はプラモデルの塗装と変わりませんよ。1/1のだけで（笑」と話してくれたことがあります

ある日の特別塗装機

436号機と315号機が運用されている様子を記録してみました

取材のために第301飛行隊を訪れた日に、特別塗装の2機が飛行するというではありませんか。エプロン地区に着くと、列線に315号機と436号機が並べられ、整備員による飛行前点検が進められていました。

436号機、315号機の2機にはトラベルポッドが装着され、航法訓練のために他基地へ展開するようでした
ファントムⅡを運用していない基地に着陸し、離陸するためにはチョークやセンサー類のカバーを持っていかなければいけないのです。この日は、特別な荷物も積み込まれました

機体の特別塗装にあわせて、主脚タイアを止めておくために使われるチョーク（輪留め）も特別に塗装されていました
「黄・黒」が315号機用、「青・黄」が436号機用です
上面には「さては君、ファントム好きだろ?」という言葉が書かれていました。もし航空祭が開催されていて、展示されている特別塗装機をじっと眺めていて、この文字をみつけたら「ニヤリ」としてしまったでしょうね

機首左側にあるアーマメント欄に、グリースペンで積み荷を書き込んでいる整備員がいたので「カエルの絵を描いてください」とお願いしてみました
アーマメント欄は本来、その名の通り搭載するミサイルの状態などを書く場所ですが、展開先に必要な情報を確実に伝えることができるため、利用されているようです

整備員のTシャツも特別塗装に使われているモチーフのデザインになっていました

筑波山を眺めながらタクシー、茨城空港を背景に離陸していく436号機
メタリック塗料を用いた濃紺の塗装をキラリと輝かせながら北へと飛んでいきました

百里空難隊のUH-60がホバリングの訓練を行う中、誘導路に進出する315号機は、筑波山をバックに2本の特別塗装されたウイングタンクと、2つのトラベルポッドを抱えて離陸していきました

3年に1度、開催される「航空観閲式」は2020年に百里基地で開催されることが予定されていました。しかし、主として新型コロナウイルス感染症対策のために2020年11月28日に入間基地で観客を入れずに行われました。11月26日に入間基地に到着した436号機がファントムⅡの代表として受閲しました

07-8436

P2FB カメラチーム・イナバのファントム一週間

オジロワシが飛び去り、キツツキ達もその羽を休めた令和２年夏の百里基地。エプロンいっぱいにファントム達が並んでいた景色は既に歴史の１ページとなってしまいましたが、最後の活躍をする姿を出来る限り追いかけたくなり、月曜から金曜までの５日間を百里基地で過ごしてみました。読者の皆様も同じように何日も通った方が大勢いらっしゃると思います。2020年、J79 のエンジン音を肌で感じた日々をこのページで思い出してもらえたらイナバも嬉しいでゴザイマス。

カメラマン イナバ

鉄道系新聞社写真部を経て、主に自動車媒体での撮影を担当し、スバル専門誌ではコラムを連載中。飛行機の撮影歴は長くは無いが（読者の皆様のほうが上手かも！）とにかく車輪の付いてる「機械モノ」が大好き。本誌ではカメラチームの班長役。好物はもちろんタンメン。

DAY-01 Monday

始まりは岐阜基地のファントム

月曜の朝といえば滑走路の点検から始まることが多いですよね。「一週間」の思い出作りなら僕もそこから始めたい。早朝に出発し百里基地に到着するとタイミング良く隊員さん達がランウェイの点検を始めました。今日はファントム達のどんなシーンが見れるかな？ナイトはあるかな？程なくしてエプロンにはファントムが並び始めましたが APG さんも居なくなってしまい「午前中は望み薄か？」と思っていた矢先に舞い降りたのは何と岐阜のファントム！

集塵ポッドを取り付けた岐阜基地所属の 301 号機。午後にはローカルフライトも行われ、沢山撮影出来ちゃいました。この時は最後にスペマになるとは思いもしなかったですよね。

午前中は F-2 の離陸があったものの百里のファントムは飛ばず。午後イチからのフライト開始となりました。T-4 から始まり 355、437、440、434 の４機が飛び立ちました。

タンメン大好き！

イナバの食べながら振り返り。

いきなり外来機からの撮影となりましたが、301飛行隊も午後にナイトも含め3フライト。途中ランウェイチェンジもあり色々な角度から楽しめました。初日から眼福に耳福です。

今夜のタンメンは６号線沿いの中華あらきさん。町中華風がナイスです！

DAY=02 Tuesday

濃霧に包まれた百里基地

「あれまぁ」としか言葉が出ない程に霧かかる小美玉市上空。既にハンガーの扉は開いているけどエプロンに飛行機の姿は無し。これではナイトどころか「ノーフライト」な可能性も。9時17分。着陸したスカイマークは基地側の滑走路を使用。茨城空港は03RにしかILSが無く悪天候時には民間機も東側滑走路を使用するのですね。天気予報では雨は降らないようだけど、どんな一日となるのやら？？お昼前にF-2が上がりましたが上空のコンディションが厳しいのか短時間で着陸。その後ガランとしたエプロンでは367号機がAPGさんとエンジンのテストをしているようでした。

駐機していた301号機に動きアリ。アラハン前へと移動してからお見送りをします。そしてエプロンには何も居なくなってしまいました。こんな日もあるよね。

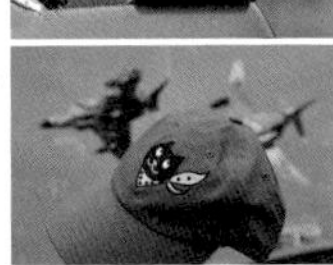

さて、なぁーんにもすることありません。横を見ると青いインプレッサのウイングにカエルさんが！スバル車談義をしながら一枚パチリ。その後、私もカエル風ネコをGet！

タンメン大好き！

イナバの食べながら振り返り。

301飛行隊はノーフラでしたが、インテーク前にマンガードを付け点検をしているシーンなどは今となっては「現役時代のヒトコマ」となり良い思い出です。岐阜の301でボウズも回避。

今日のタンメンはこのエリアに数多い屋号の珍来さん。冷えた体に熱々スープが最高。

DAY=03 Wendsday

「いつもの百里」を忘れない

朝からシトシト雨も止み、エプロンにはファントム達が並びだしました。青や黄色のスペマ機の姿はありませんが、こんな「日常」な雰囲気にさえ確実に「刻」が迫っています。その景色を心に焼き付けながら救難隊やF-2のフライトにレンズを向けていると時刻はもうお昼前です。そして嬉しいことに薄日と共にAPGさん達も出てきました。まもなく百里基地にJ79サウンドが響き始めます。「日常」の中にも少しばかりのサプライズを期待して。

最初のフライトが始まる頃、ほんのひと時でしたがエプロンには黄色いスペマの315号機が437号機と一緒に出ていました。

369号機がハイスピードタキシーを行い、エプロンに戻ってくると水掛けのセレモニー。これから百里に通う毎に見ることとなる「最終章」の一幕です。

スポッターにとってはこの上なく嬉しいのはウエストランウェイに降りるシーンですよね。416号機と437号機の素敵なシーンを切り取りるとつい大きく手を振ってしまいました。

タンメン大好き！

イナバの食べながら振り返り。

今日は突如315号機がけん引されて出てきたり、ウエスト降りにナイトもありと「日常」の景色の中に沢山の喜びとも出会えた日となりました。でもそろそろスペマも撮りたいぞ！

タンメンは珍来さんですが昨日とは違うお店。お肉が沢山入っていて素晴らしい！

DAY=04 Thursday

スペマ機、列線に現わる！

今日も朝から百里基地。宿からの道のりも最短距離より最短時間の道を選ぶようになり、あっというまに到着です。まだファントム達は格納庫の中。ガランとしたエプロンを眺めるとなんだか見慣れない黄色いものが置いてあることに気が付きました。望遠レンズを向けてみると、なんと「スペマ用の燃料タンク」ではありませんか！ワクワクしながらけん引されてハンガーから出てくるファントムの中に315を発見。何回飛ぶでしょうか？楽しみです。

オチは突然やってきました。一回目のフライトも始まっていないというのに315号機がけん引されて格納庫の方へ消えていってしまいました。号泣！！少し気落ちもしましたが、お昼過ぎから一回目のフライトが始まると気持ちも持ち直します。ファントムのエキゾーストが景色を滲ませるシーンがとっても素敵でした。

気持ちを切り替える為に空の駅 そ・ら・らへ移動してソフトクリームを食べちゃいます。その後は天気も悪くなってきたのでランディングライトがよく見える場所で撮影しました。

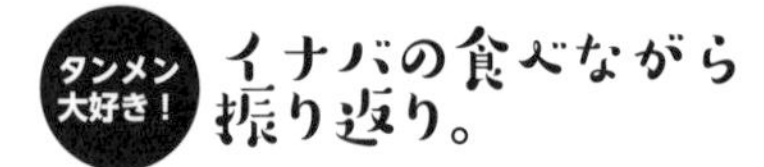

朝から超ワクワクしていたのにまさかの「ドナドナ」。本日の301飛行隊のフライトは午後に2回の飛行でナイトはありませんでした。今夜は早めに寝て体力温存です。

今日のタンメンはいつも帰り道に横目で見ていたみらくさん。餃子も地元で人気のお店。

DAY=05 Friday

315よ、今日こそ飛んでくれ！！

ファントムを眺めた日々も今日でファイナル。忘れ物をしないよう宿で何度も再確認をしていたので到着した頃にはファントム達はもう列線に並んでいました。今日は金曜日、飛行機スポッターには「魔の金曜日」と言われるほどに当たり外れが大きい日でもあります。エプロンには昨日と同じく黄色い315号機の姿。スペマのフライトを一度くらいはファインダーから眺めたいものです。

今日は今週はじめての1stからのフライト。315号機もエプロンを離れエンドに向かいました。低い上がりを勝手に予想したのですが、なかなか上手いことはいかないようです。午後のフライトにリベンジを誓いますが、何と何と居残り組になってしまいました。一週間通って飛んでるカットは白背景だけとはなかなか記憶に残るオチとなりました。とほほ。

そして一週間追いかけた百里基地から離れる時間が近づいてきました。これまでの時間を思い出しながら格納庫の扉が一枚一枚閉まっていくのを飛行機仲間と一緒に見届けました。

タンメン大好き！
イナバの食べながら振り返り。

なかなか飛ばなかった黄色い機体。ワンフライトだけでしたが見ることが出来ました。今日はあまり上手に撮れなかったけど、記憶には今でも一番の思い出として残っています。

今日もタンメン。最近良く見る地元名+タンメンのお店。でもここのタンメンは結構好き。

『ファントムⅡファンブック』が発売された時に強く思ったことがあります。それは「もっとオジロワシ達の日常を見ておきたかった」という気持ち。それがきっかけとなり、結果的にこのページとなりましたが、企画に囚われること無く「思い出づくり」を優先しフリーハンドな思考で百里基地に通ってみました。

思えばこの「百里一週間」の後、何度もファントムを追いかけフェンス際に通いましたが引退の時を肌で感じられるようになると、スポッターも多くなりフライトのひとつひとつが「特別」な時間へと変わっていきました。「百里一週間」の撮影中は天候がイマイチということもあり、見渡しても数人のファントムファンだけ、時にはファントムの活躍を独り占め出来た瞬間もあり、振り返れば素敵な思い出がいっぱいです。そして同じような気持ちでファントムを見に来た方にも沢山お会いしました。

大好きなJ79エンジンが双発で奏でる甘美なサウンドを心ゆくまで堪能した「一週間」を終えて強く思ったことがあります。それは「ファイナルチャプターを見届ける心の準備が出来た」という気持ち。

そんな思いを抱きながら、秋から本格的に始まった取材。読者の皆様の「ファントムの思い出」の一部となれば幸いです。

最後にファントムは産湯に浸かったその時から「亡霊」なのです。幽明境を異にすることなんてありえませんよね。

2020年11月20日。第301飛行隊の壮行会が催されました。

コロナ禍によって、様々なことが上手くいかなくなってしまった状況で11月を迎え、「ファントムⅡ最後の実戦部隊の式典が公開されることなく、運用を終えてしまうかもしれない」という不安さえありました。そんな中、式典の案内が届いた時には安堵だけでなく、開催に向けての第301飛行隊の方々の苦労に思い至りました。

特別塗装機と440号機が展示飛行へ

影がぼやけるほどの曇り空のもと、6機のファントムⅡがエプロン地区に並べられ、4機のファントムⅡの準備が進められています。エプロンの中央には、YouTubeストリーミング配信のためのスタッフの姿も見えました。パソコンやスマートフォンの向こうから多くの人に見送られて、436・315・440号機がエプロン地区から誘導路をタクシーしていきます。

そして11時15分頃、北からエンジン音がとどろき、姿勢も降着装置の上げも、美しくシンクロしながら436・315号機が並んで離陸していきます。続いて440号機が南へと飛び去っていきました。

10分ほどして、3機がエンシュロンで南から滑走路上空に進入、右旋回して基地を回るように再び南へ移動していきます。436・315・440号機の順で、エプロン北端を目指して突入。対地射爆撃訓練が開始されました。436号機が降下しながら目の前を通り過ぎ、J79-IHI-17Aター

ボジェットエンジンの轟音を響かせながら右旋回と急上昇をして再び南側へ飛び去る姿を目で追っていると、315号機の緩降下が始まっていて。440号機も南端に姿が見えてきました。

第301飛行隊で、最後を飾る特別塗装機に仕立てられた315・436号機と、すべてのファントムⅡの中で最後に生産された440号機。ファントムⅡは、艦隊防空用の戦闘機として生まれながら、頑丈な機体構造とパワフルなエンジンを備えたことにより、対地攻撃も行えるマルチロール機のさきがけとなった機体です。その機体特性を最後まで発揮していることを示すように、何度も降下・急上昇と右旋回を繰り返していきます。

各3回ずつの訓練が完了すると北の空で旋回し、再びエンシュロンを組んで航過。オーバーヘットアプローチで着陸へ向かいます。

滑走路へと降下してきた436号機は高度10mくらいでエンジン音を大きくして再加速、激しく機首上げしたのちに左へとターンしていきます。315号機もそれにつづき、440号機はひときわ高く駆け上がっていきました。

離陸してから40分後となる11時50分頃、順番はそのままに436号機から、鮮やかにドラッグシュートを引きながら着陸して12時00分には、エプロンに戻ってエンジンを停止しました。

普段はファントムⅡがたくさん並べられている格納庫に足を踏み入れると、そこには434号機が1機のみ置かれ、そのかわりに配置された大きなモニターに「301sq Farewell Party」の文字とともに空撮されたファントムⅡの姿が次々と映し出されています。

第301飛行隊員の編集による動画が上映される

開け放たれた扉の向こうには筑波の山々が見えています。それを背景にするように、第301飛行隊の隊員が整然と入場してきます。感染防止のためにマスクをしていますが、隊員の皆さんの目元はキリリと、整列したまま会場中心の椅子に着席していきます。

すると、設置されたモニターにF-4EJが航空自衛隊に配備され第301飛行隊で運用されてからの歴史をまとめた動画が映し出されました。重厚感あふれる動画からは第301飛行隊の歴史と伝統の奥行きを感じることができました。続いて、第7航空団司令の挨拶をいただいたのち、取材陣は移動となりました。

歴代飛行隊長と特別塗装機の記念撮影

案内された格納庫の奥には、特別塗装の施された436・315号機の2機のファントムⅡが置かれ、手前には椅子が並べられています。広報担当の方が高所作業車に乗ってカメラアングルを決める中、壮行会式典会場から移動してきた歴代飛行隊長を初めとする来賓がその椅子に座り、記念撮影が始められました。

一番前に位置している現飛行隊長は、第301飛行隊を育て上げてきた方々、飛行隊の隊旗、そしてファントムⅡの歴史を締めくくるにふさわしい2機の特別塗装機を背にして、第301飛行隊の歴史にひとつのピリオドを打つ使命に深く感じ入っているように見えました。記念撮影のあと、歴代の飛行隊長から労いの言葉をかけられている様子からも、その使命には、多くの人の思いが託されていることを感じることができました。

三沢基地でF-35A運用部隊として生まれ変わる

実際に第301飛行隊がF-4EJ改を最後に運用したのは12月10日。そして式典から25日後の12月15日に三沢基地移駐となり「百里基地に生まれ、航空自衛隊でのファントム運用を育て上げ、締めくくることとなった第301飛行隊」は、F-35A運用部隊としての新たな道を進むことになったのでした。

画像出典：航空自衛隊

画像出典：航空自衛隊

本日ここに、基地協力団体の方々、第4代飛行隊長の中塚様をはじめ、多数のご来賓並びに関係者各位のご来席の元、第301飛行隊壮行会をかくも盛大に挙行して頂くことは、誠に光栄であり、この上ない喜びでございます。ご来賓各位には、ご多忙中のところ、ご参加賜りましたこと厚く御礼申し上げます。

第301飛行隊は、昭和47年8月、臨時飛行隊として発足、翌年、飛行隊長尾崎1佐及び阿部3佐が空中爆発により鹿島灘沖で殉職された後、昭和48年10月に第301飛行隊として編成され、尊い犠牲の上に、マザースコードロンとしてF-4EJの運用を開始しました。昭和60年3月に新田原基地の第5航空団へ改変され、鹿島灘の海から西の日向灘へと部隊を移して西の空の防空へと活動の場を変えました。新田原の地でも、数々の戦技競技会を優勝するなど多くの実績を残してきましたが、昭和53年11月島松射場で森2佐を、平成11年8月福江島北西で近者2佐と森山3佐を失いました。平成4年頃から現在のF-4EJ改が新たに導入され、日々の対領空侵犯措置任務を遂行するとともに、次第に高まる周辺国の驚異に対すべく技術と能力の向上に励み、西空における任務を確実に遂行して参りました。その後、新戦闘機の選定がのびにのび、限られた機体飛行時間の中で、F-4の運用期間が延長されました。そんな中、F-4の運用効率化を図り集中的に管理するため、平成28年10月に宮崎での活動を終了し、再度百里基地7航空団へ里帰りを果たしました。

そして、令和2年度、計画に基づきF-4EJ改は用途廃止を迎え、三沢基地、第3航空団第301飛行隊F-35A部隊として新たに出発いたします。令和5年（2023年）には、三沢にて創隊50周年を迎えることとなります。

第301飛行隊は、尾崎臨時隊長が生みの親であり、福島初代隊長が立て直し、鈴木2代隊長が「ソレ行け、ドンドン」の精神で「見敵必戦、創意開発」を掲げ、飛行隊をぐいぐいと前進させました。人と人との硬い結びつきを重視し、飛行隊が一丸となって前に進む気風がこの時代に作られ、48年にわたり、百里基地と新田原基地において、歴代隊長を核心とし、飛行隊員全員が一丸となって幾多の任務を確実に遂行し、その精神と伝統を受け継いで参りました。

第301飛行隊は創隊以来、まさに激動の時代の立役者として活躍し、F-4からF-35Aへと機種更新となります。F-4第301飛行隊は、戦闘機部隊としての使命を全うし、長きにわたる輝かしい伝統と、これまで携わってきた人たちの思いを最新鋭の戦闘機に託します。飛行隊の精神と伝統は、そのよるところを世界最新鋭戦闘機であるF-35Aへと移し、必ずや我が国防衛の中核として活躍していくことでしょう。

現第301飛行隊員は、隊員それぞれが新たな場所で各種任務を遂行していくことになります。たとえ勤務場所が違えども、我々は第301飛行隊在席隊員として、延々と受け継がれた精神と伝統に恥じぬよう、新たな場所で一隅を照らす存在となるよう努力していきます。

結びにあたり、志半ばでその職に殉じられた、尾崎1佐、阿部3佐、森2佐、近者2佐、森山3佐の御霊に対して心からのご冥福をお祈り申し上げます。

本日は、本当にありがとうございました。

第301飛行隊長 2等空佐 岩木三四郎

#440 世界で最後に生産されたファントムII

第301飛行隊が使っている格納庫からはるばる、百里基地空輸ターミナルの前まで440号機が、機付長の手によってトーイングされてきました。その機番から「シシマル」という愛称で親しまれる、ファントムⅡの歴史で意義深い一機です。

440< 世界で一番若いファントムⅡ

アメリカ、イギリス、ドイツ、イスラエル、イラン、韓国、オーストラリア、日本、スペイン、トルコ、ギリシャ、エジプトで運用され、5,195機も生産されたファントムⅡ。その5,195機目のファントムⅡが、目の前にあるF-4EJ改440号機です。

三菱重工業小牧工場でライセンス生産された440号機は、世界で最後に生産されたファントムⅡとして1981年5月20日に航空自衛隊に納品されました。301号機からは9年4か月後に飛行したことになります。F-15Jは、1980年からノックダウン生産が始まっていますから、F-15Jよりも“若い”ファントムⅡです。

440< 最後まで元気な姿を見せてくれた

機付長は「末っ子だからか、手がかかる」と言っていましたが、2020年11月20日の第301飛行隊壮行会では、特別塗装機を上回る急上昇を見せつけてくれました。そして2020年12月1日、440号機はエアパークで展示されるために浜松基地へ向けて、百里基地を飛び立っていきました。

第301飛行隊壮行会での440号機のフライトは“最年少”であることを証明するかのように、滑走路上をローパス後に元気いっぱいのハイレートを見せてくれました

1

2

3

4

[1]最後の出発：ひぐ4460@yoshi517base,百里基地,20201201／[2]440フェリーフライト：Norick@Norickapex1220,百里基地,20201201／[3]440ラストフライト：Zester_A@konbukonbusan,百里基地,20201201／[4]440の浜松行き：@アラタ31@piz316627,百里基地,20201201

投稿者に了承を得た上で、画像の加工・トリミングしています

[5]-：CASTLE41@NRT0324,浜松基地,20201201／[6]シシマルようこそ安住の地、浜松へ：Take@-,浜松基地,20201201／[7,8,9]440浜松ラストフライト：ののぱぱ@nono_papa2,浜松基地,20201201／[10,11]シシマル エアパークへ搬入：Take@-,浜松基地,20210309

浜松に“シシマル”に会いに行く

Route#01

新東名をひたすら西へ

朝日が昇るころ、首都高を抜けて東名高速道路を西へ向かいます。日が昇り、きれいな富士山を眺めながら新東名をさらに西へ。120km/h 区間が開通したものの、工事による速度規制で一定のペースで巡行することが難しいので、スケジュールには余裕が必要です。新東名高速道路浜松サービスエリアで朝食をとり、そのままスマートインターチェンジから一般道へ降ります。

住所　：静岡県浜松市西区西山町 浜松広報館
ホームページ ：https://www.mod.go.jp/asdf/airpark/

Route#02

受付には岩木飛行隊長のサイン

F-86F ブルーインパルスに迎えられて、エアパークの駐車場に到着です。すでに多くの自動車が止められていて、遊具で遊ぶ子どもの姿も。

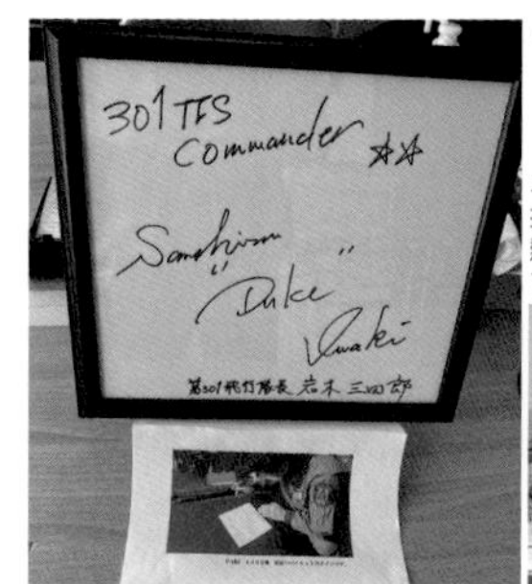

440号機を百里基地から浜松基地まで飛ばした岩木隊長のサイン

エントランスにはF-104Jが置かれています 搭載するエンジンはJ79-IHI-11Aで、主に耐熱性をあげる改良を施したJ-79-IHI-17AがファントムⅡに搭載されています

受付では感染防止のために、記名・検温・手指消毒が徹底されていました。その机の上には百里基地から 440 号機を操縦してきた岩木飛行隊長のサインが置かれていました。

今回は、取材で訪れることをお願いしていたので、担当の方の案内で早速 440 号機のもとへ向かいます。

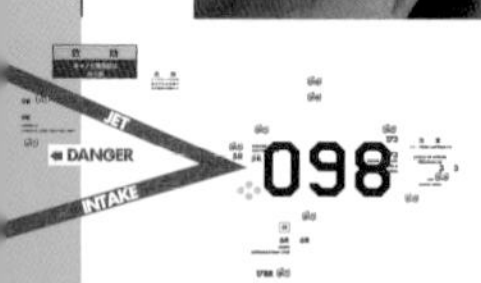

F-86F、T-2、T-4の歴代ブルーインパルス機も展示されていて、見所満載。子どもと行っても楽しめますので、家族連れでぜひ

Route#03

今にも飛べそうな姿で たたずむ440号機

展示格納庫の一番奥に、440号機は納められていました。

その姿を見た時に、とても驚きました。というのも、ピトー管や全温度センサー、アレスティングフック、降着装置のレガースなどが装着されているからです。まるで、このままけん引車でエプロンに引き出し飛行前点検を終えれば、パイロットを迎え入れることができるようです。

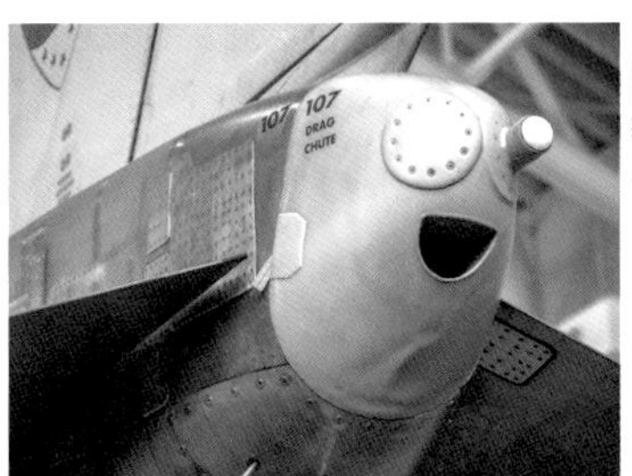

ドラッグシュートが収まっていることを示す黄色いリボンが見えます
実際に、展開可能な状態のドラッグシュートが納められているそうです

展示内容の入れ替え作業が完了して2021年3月13日に公開された直後には、ガンスカベンジドア（20mm機関砲発射時に使用するエアインテーク）とAOA（Angle Of Attack：迎え角）センサーのカバーが取り付けられていました
各部のドアの開閉や、カバーの有無が時期によって変更されて展示されているようで、さまざまな状態を見ることができます

ジャッキにより機体は固定されていましたが、主脚はタイア交換時に使用するジャッキポイント、前脚はトーイング時にトーバーをかけるポイントを使用しているため違和感なく、チョークが置かれていることから、百里基地で運用されていた姿が、そのままここに再現されているようです。

コクピットも完全な姿で展示されています
百里基地の雄飛園など展示されているファントムⅡは多くありますが、そのほとんどはメーターなどが取り外されています

Route#04

多くの人の手で 展示のための作業が行われました

案内してくれた日高さんに話を伺うと、なんと、第301飛行隊が新田原基地に配置されていたころに19年間、列線の整備員を努められたと！

そこで「まるで、いつでも飛べるようですね」と聞いてみたところ、「440号機をここで展示する意義を考え、そのような姿を見てもらえるように、百里基地の整備員に作業をお願いしたのです」と、教えてくれました。

機体下部も見せて頂いたのですが、確かに、オイルや燃料などが機体に残らないように配管が切断されていることがわかります。また、イジェクションシートの射出に用いられる火薬なども、取り除かれているとのこと。約20人の整備員の手で2週間かけて、その作業が行われたそうです。

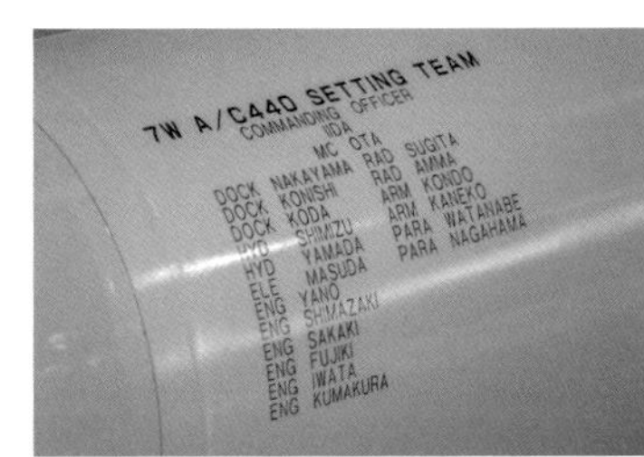

440号機を安全に展示できるように作業を行った人達の名前が、左ウイングタンクに書かれています
そこには、百里基地の取材で会うことができた整備員の方の名前も

「センタータンクの後端を掴むことができる、この位置が列線整備員のチーフのポジションです。ここから眺めると、機体の状態を把握することができるからです」と教えてくれた日高さん
その目の前には、新田原基地所属時の、5つ星のカエルマークがついています

多くの人の手によって、運用されている姿が再現されて展示されている440号機。実際に基地で動いている姿を見た人はもちろん、そうでないひとも航空自衛隊の隊員の皆さんのファントムⅡへの愛情を感じることができると思います。ぜひ、訪れてみてください。

取材の後は、美味しいハンバーグで遅めの昼食
帰路は夕日を受ける富士山を眺めながら東名高速をのんびり走って帰りました

[1]最後のスペマ：宴会部長@inaggg,千歳基地,20201009/[2]鋭い眼差し：うるのり@urunori305,百里基地20191130_[3]想い出：紀孝@w2101980,百里基地,201909/[4]背中：高梨惇也@jp7emu,百里基地,20191130/[5]ファントム：Dえもん@amigo21030,百里基地,20200402/[6]ラスト　桜ファントム：くまz@kumaz1111,百里基地,20200402/[7]最期の桜花：spica@_spica306_,百里基地,20200402/[8]桜散る：Norick@Norickapex1220,百里基地,20200408

投稿者に了承を得た上で、画像の加工・トリミングしています

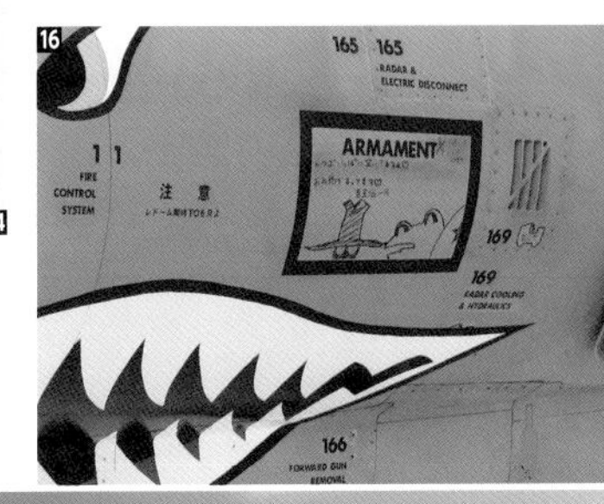

[9]お隣さん：宮本 大斗@usDaikon,百里基地,20200309/[10]315！：空士長 ごんぞ@edogawa_airbase,茨城空港,20201205/[11]ファントムⅡリフレクション：えこーた@ekota1,茨城空港,20201205/[12]ただいまー！：ブロちゃん@boatbeat,百里基地,20200624/[13]ケロヨンファントムと広報さん：桂川 展明@4mSrXFyh8D4Px2T,百里基地,20191201/[14]僕のヒーロー：yassan3014@-,百里基地,20201124/[15]曇天飛翔蛙：TNG RNT02@RntTng2_Sengoku,百里基地202007-/[16]強面の顔におみやげ待ってます：佐助@Hopi0402,松島基地,20190825/[17]PhantomFarewell Tour スタート!：なおゆきん改@naoaz1,松島基地,20190825/[18]黄スペマ帰投：たかし@TKSy_v,松島基地,20190826

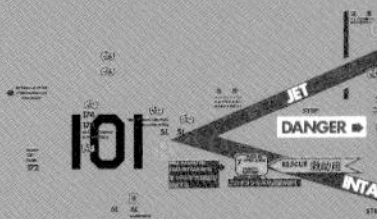

19 20

21 22

23 24

25

26

[19]大空からの帰還：万年素人@4B0XYfNTaJzOkjQ,百里基地,20201027/[20]ファントム：Dえもん@amigo21030,百里基地,20201111/[21]みんなで追いかけた蒼い亡霊：そば屋@-,百里基地,-/[22]PHANTOM BLAST!!!：マ・サキ@_msk45,百里基地,20201120/[23]雫も似合う青スペマ：ponytail@Luna373,茨城空港,20201205/[24]お疲れさまでした：あゆぺ@ayupen_32,百里基地,20201120/[25]誘導灯の光に包まれながら：shoyo@kazekaeshi,百里基地,20200720/[26]ナイト・メンテナンス：Hiroshi Nakamura@cn_hiroshi,百里基地,20200512

[27]築城へ！：岡﨑俊郎@とし,百里基地,20200610/[28]三役揃い踏み：ブロちゃん@boatbeat,百里基地,20200624/[29]Photo Mission：Phant_Zero@-,百里基地,20201013/[30]フォトミッション終了：岡﨑大河@honda_dohc_vtec,百里基地,20201013/[31]440の浜松行きの当日：@アラタ31@piz316627,百里基地,20201201/[32]-：M Crew@alpscrew,百里基地,20201209/[33]301SQ ラストフライト：Norick@Norickapex1220,百里基地,202012-/[34]百里、最後の整列：にゃす(ΦωΦ)@nyasufuji,百里基地,20201209/[35]ファントムライダーの水かけセレモニー：ろっく番のりば@6ban_noriba,百里基地,20201203

36

41

42

37

38

39

43

40

44

45

[36]翔：Akky@Akky,百里基地,20191201/[37]これからも大好きな飛行機：ゼッキー@zekizekisan,百里基地,20200915/[38]TAC Departure：Yama Sato@NnVACfK0EZMWt5s,百里基地,20191201/[39]最後の夏空：あきづき@Bleu_eisvogel,百里基地,20200910/[40]シルエットファントムwith紫峰：ponytail@Luna373,百里基地,20190409/[41]虹を貫け：のぶりん@noburinad198x,新田原基地,20161002/[42]ある夏の日のファントム：ろろ@rorodc5,百里基地,20201124/[43]天に翔る：tomosan@ganotaarcher,百里基地,20201113/[44]最後の夏空：あきづき@Bleu_eisvogel,百里基地,20200910/[45]お手振り：m@sum@su@masumasu_RX8,百里基地,20181202

46

47

48

49

50

51

52

53

54

55

56

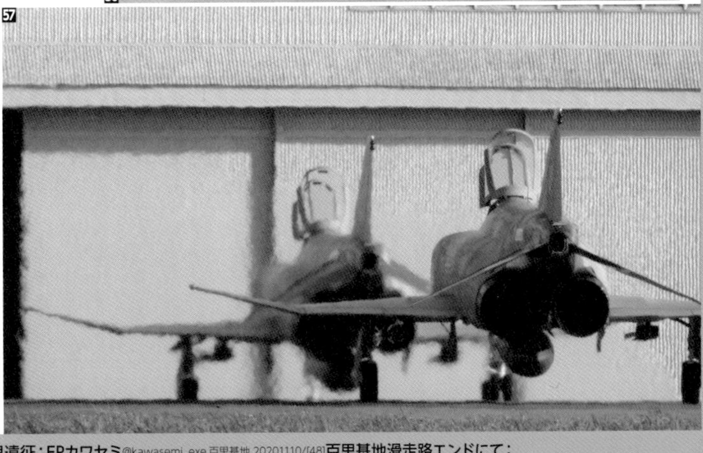

57

[46]幻影：もりゆう@colopl178743,百里基地,20191201/[47]最初で最後のF-4の居る百里遠征：EPカワセミ@kawasemi_exe,百里基地,20201110/[48]百里基地滑走路エンドにて：くしもち@kurama144heei,百里基地,20170911/[49]卒業：こまいぬ@snowman_1974,百里基地20200406/[50]初めての百里基地： 暇人 よっし：@himana25,百里基地,20190828/[51]440最後の旅路：Tachi@type82,百里基地,20201201/[52]新田原の440： 園田 吉英@yshdsnd,新田原基地,20051210/[53]57-8353：西脇@ニッシン,百里基地,20191106/[54]初めてのファントム：ヒロ@あんぱん太郎,築城基地,20191216/[55]桜舞うファントム：ふせ@Z8dVb,百里基地,20190408/[56]貴婦人：Nicoまる@manao_ulu_wale,百里基地,20170617/[57]かえるちゃん：あづ@f440ad,百里基地,20201119

58

59

60

61

62

63

64 / 65

66

[58]終の別れ：kurayki@-,那覇基地,20191208/[59]Phantom：Steven Weng@tsweng1,新田原基地,201512-/[60]ずっしり：ファントムⅡオジロ@SuKuym8XeXh57DO,百里基地,20191201/[61]お疲れさま：ぱち@-,千歳基地,20110807/[62]ガリバー、小人の国に行く。：かねやん@Kaneyan_Vn,百里基地,20191201/[63]さよなら、ありがとう。：浅子祐全@744bcf,百里基地,-1202/[64]また会う日まで：武居知@MpQcy,百里基地,20200408/[65]ローカルフライトはファントムおじいちゃんちゃんと一緒に！：takeo0809@takeofujioka,百里基地,20200810/[66]サンキュー：はっせ~~@hasee23,百里基地,20201126

[67]祭りの終わり：KNO@-,百里基地,20191201/[68]斜光の中で：しげ@Maxcoffee_can,百里基地,20200303/[69]ファントムフォーエバー：石川　正光@90MBT,百里基地20191125/[70]ナイトミッション：小谷野　俊夫@-,百里基地,20190131/[71]Farewell The Phantom Ⅱ：コンブル@K12_konburu,-,-/[72]終わりを告げる夕日：Tsucky@-,百里基地,20181202/[73]Golden Time：Mars@Mars_9485,百里基地,20190106/[74]ナイトへ：たか@the302sq,撮影日時,20191028/[75]TAXI LIGHT：CASTLE41@NRT0324,百里基地20200929

302sq F-4 final Year 2019
07-8428
2019

人が受け継ぐ
オジロワシの魂

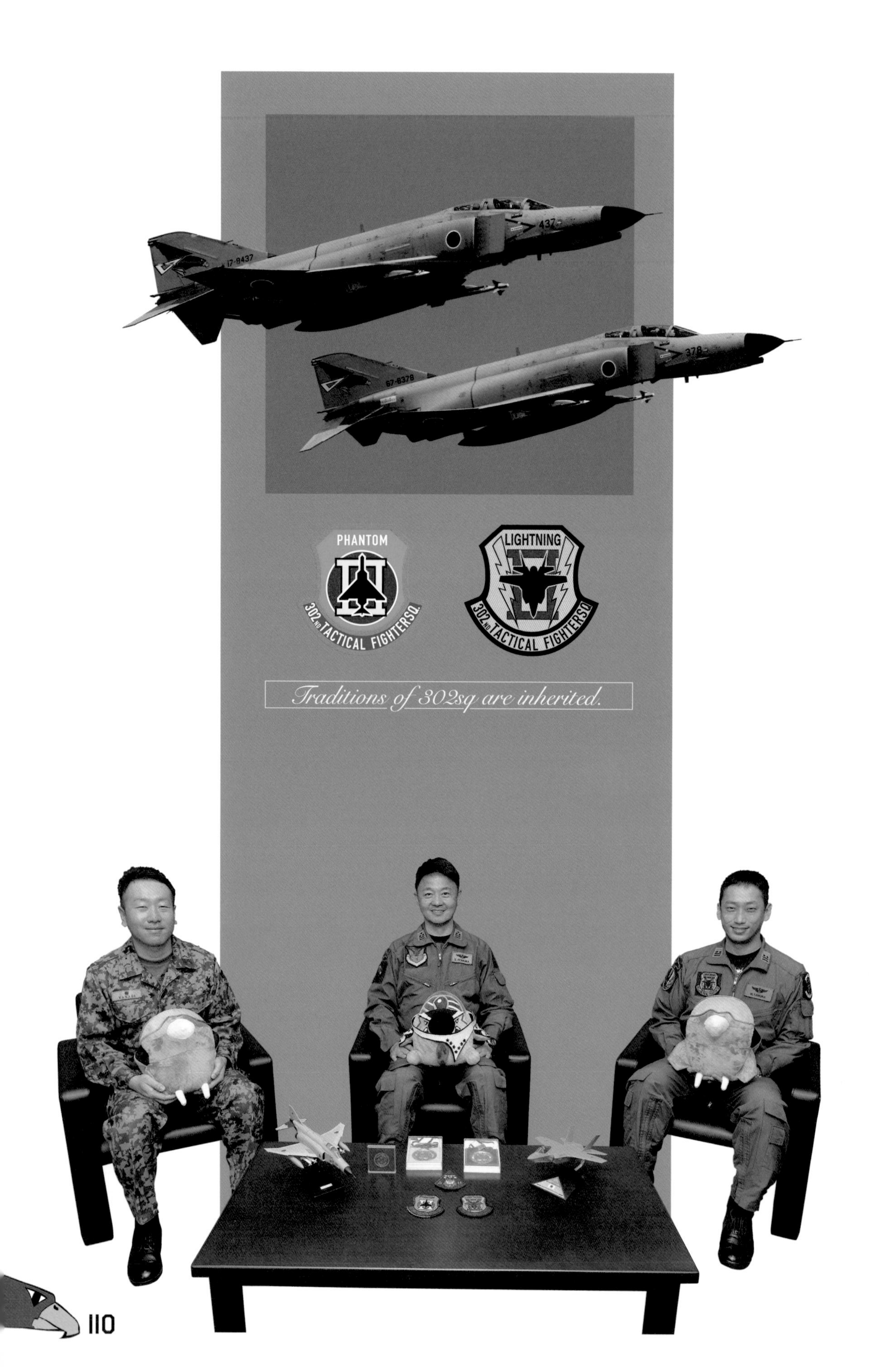
PHANTOM
302ND TACTICAL FIGHTERSQ.
LIGHTNING
302ND TACTICAL FIGHTERSQ.
Traditions of 302sq are inherited.

1974年10月1日に千歳基地で2番目のF-4EJ運用部隊として発足した第302飛行隊。北海道に生息する**尾白鷲(おじろわし)の翼を3、尾羽を0、脚を2**とした部隊マークから『オジロワシ』と愛称されました。那覇基地を経て百里基地にて2019年3月19日にF-4EJ改でのラストフライトを迎え、そして2019年3月26日に最初のF-35A運用部隊として三沢基地にて再編成されています。
マザースコードロンとしてF-35Aを運用するための試験やパイロットの育成を行っている現在の第302飛行隊を訪れて、オジロワシの伝統と歴史が、どのように受け継がれているのか、インタビューさせていただきました。

人が受け継ぐ オジロワシの魂

第3航空団飛行群群司令とはどのような任務なのでしょう?

野村1等空佐：現在（2020年11月）、第3航空団飛行群はF-35Aを配備する第302飛行隊とT-4の北部航空方面隊支援飛行隊をかかえています。2020年12月には、第301飛行隊がF-35Aに機種更新しますので、私は第3航空団飛行群司令として、2個のF-35飛行隊と1個のT-4支援飛行班の隊務運営を統括する立場となります。基本的には、人を管理することが主ですが、航空機等の運用に関しても責任を負っている立場です。

初度に所属した飛行隊は那覇基地にあった頃の第302飛行隊でした。2001年から2007年までです。2回目のファントム部隊の勤務は、2009年から2010年で、新田原基地の第301飛行隊でした。2013 年から2015年の間、百里基地の第302飛行隊で飛行隊長を務めておりました。

ファントムIIのパイロットとして第302飛行隊に所属し、飛行隊長も務めています。現在は第302飛行隊も所属する第3航空団の飛行群司令として、飛行隊の運用管理を行っています

F-35Aの整備は、どのような状況なのでしょうか？

柳3等空曹：F-35Aの整備・維持管理とともに、今後の運用に関する検討・検証を行っています。JTD（Joint service Technical Data：技術指令）と呼ばれる整備上の根拠に基づいて作業を行っており、必要に応じロッキード・マーチン社と直接やりとりを行いながら検討を行っています。日本の運用環境において、より効率よく整備作業が行える態勢を模索しているところです。私はこれまでF-4・F-15・F-2に携わってきましたが、F-35Aはファントムと比較すると整備に関する基本的な考え方からして変化しており、「機体が変わった」という以上に、私たち自身の整備に対する考え方も変えていかなければいけないと強く感じます。しかしながら他方で、過去の経験を生かしていくことも大切だと思っています。

飛行隊長はどのような役割を果たしているのでしょうか？

田村2等空佐：第302飛行隊はF-4からF-35Aへの機種更新を果たして間もない時期にありますが、航空自衛隊が実施する様々な作戦の中でF-35Aが成し得る役割を探求し、F-35の戦い方の基礎を確立するための運用試験と、新たなF-35Aパイロットの養成という大きく分けて2つの任務に取り組んでいます。

飛行隊長は空と地上の双方で部隊を率いる指揮官ですので、まずは乗り換えて間もないF-35Aのことを日々学び自分の技量を磨きつつ、隊の任務遂行を空地の現場において指揮・監督しています。特に運用試験の実施にあたっては、F-35部隊が空の戦いに対してもたらす変化と決定力を貪欲に追求するように部隊を指導しています。

百里基地でF-4EJ改を運用していたころから第302飛行隊に所属。飛行隊とともに三沢基地に移動となり、F-35Aの列線整備員をつとめています

F-2のパイロットを経て、2020年から第302飛行隊の飛行隊長を努めています

第302飛行隊の思い出を教えてください。

野村：初度の飛行隊は那覇基地にあった頃の第302飛行隊でした。2001年から2007年までです。2回目のファントム部隊の勤務は2009年から2010年で、新田原基地の第301飛行隊でした。2013年から2015年の間、百里基地の第302飛行隊で飛行隊長をしていました。

思い出に残るのは、最初に第302飛行隊に勤務している時に、戦技競技会の僚機操縦者として参加したことです。2013年の戦技競技会では、私は隊長として、ここにいる柳3曹とともに参加し優勝しました。優勝した時には、整備員も含めて全員、総隊司令官からメダルを授与されました。2013年以降の戦技競技会は行われていのと、今後、F-4の参加もありませんから「F-4 史上最後の戦技競技会優勝飛行隊長」と言えるのではないかと（笑）。

2013 年の百里で開催された戦技競技会では、F-4飛行隊は2つしかなく「常に決勝戦」という緊張感がありました。競技当日、ライバルの第301飛行隊が離陸する際、虹が出て、素晴らしい雰囲気で先に飛び立ち、内容としても良い結果を残していたのが分かった時は追い詰められた心境にもなりました。さらに、私が飛ぶ前に救命装具室で、戦技競技会のために新しく用意した帽子を付ける際あごひもが切れてしまいました。これをメンバーに知られてしまうと、不安にさせると思い、ぱっと隠して出陣しました。結局、その日は天候の都合でキャンセルとなり、翌日には好天の中、もう一つの編隊とともによい結果をだすことができ、結果優勝することができました。

整備員も情熱をかけて整備してくれていました。当日のフライト直前にチーフから「自分たちができることはすべてやりました。あとはお願いします」と涙目で送り出されたため「絶対に負けられない」と決意を新たにしました。戦技競技会では整備員も、パイロットも、要撃管制官も、極度の緊張感の中に身を置くという、平時において実践に近い心理状態で戦うという、とても良い経験ができました。2013年の優勝でF-4部門として第302飛行隊が5連覇を成し遂げました。これは整備員、要撃管制官、パイロットが一枚岩になり、総合力を発揮できたからだと、確信しております。

F-4から受け継がれているものはありますか?

田村：「物」の話からすると、百里基地においてF-4を運用していた第302飛行隊から三沢基地の新隊舎へ、いろいろな物を受け継ぎました。例えば歴史ある飛行隊の看板は隊長室前に、「爆闘」の木製プレートはオペレーション入口に今も掲げています。その他、隊の歴史を刻んだ銘板から何十年も前の宴会のスナップ写真ま

2009年と2013年の戦技競技会優勝のメダル。手前にあるのは、2013年の戦技競技会に向けて意思統一のために作成したワッペンで、第302飛行隊創設当初から掲げられている「風林火山」のモチーフが描かれている

新築の空気の残る隊舎の一室の前に掲げられる「第302飛行隊」の看板。三沢基地では、保全上の理由により建物の名前だけでなく各室の名称も掲げられていませんでした

[1] 2013年戦技競技会：Norick@Norickapex1220

で、枚挙に暇がありません。飛行隊に新しく着任した若い隊員に対しては、導入教育として第302飛行隊がこれまで歩んできた長い歴史を教育するところから始めます。どの隊員も、50年近く日本の空を守り続けてきた第302飛行隊の歴史を一種の責任として受け継いでおり、それは同時に我々の誇りでもあります。

野村：302飛行隊は、エポックメイキングな飛行隊だといえます。千歳ではMiG-25の亡命事件においてスクランブル発進をした飛行隊であり、那覇では、これまでの空自の歴史で最初で最後の警告射撃をソ連機に行っています。百里に移ってからは、首都防空にあたりつつ参加した総隊戦技競技会では5連覇を成し遂げ、三沢においては最新鋭機種であるF-35Aに機種更新しています。常に時代の先鋭を担う飛行隊となってきました。

302飛行隊のオジロワシが愛されるもう一つの理由としては、302飛行隊が全国で活躍してきたからだと思います。第302飛行隊は創設以来、北部航空方面隊、南西航空方面隊（当時は南西航空混成団）、中部航空方面隊に勤務してきました。

第302 飛行隊創隊40周年記念行事の時に私は飛行隊長として、元302飛行隊長である杉山航空総隊司令官（当時）に対して非公式な場ではありましたが「飛行隊の機種がF-35A になってもオジロワシはなんとか航空機に付けたいと思います」と伝えさせて頂きました。その後、多くの人の協力があって、オジロワシのマークをF-35に付けることができました。

オジロワシのマークへの人気は昔からかなりあると認識しています。F-4に描かれていたオジロワシのマークはそれまでの他の飛行隊のマークと比べて規格外に大きかったのです。日の丸よりも小さくすることも検討されましたが、飛行隊の伝統として守られてきました。サイズも色も変わりましたが、F-35A にオジロワシが載ることができて、302飛行隊の伝統も受け継ぐことができたなと思っています。

柳：垂直尾翼のオジロワシのマークは、ステッカーのタイプもありましたし、自分たちでマスキングして塗装した時期もありました。塗装するのは楽しいのですが、落とすのはとても大変でした。

F-4という飛行機は、整備の力が要る飛行機だと思っています。叩いて直す場面もあり、不具合の内容や内部構造などを把握した上で、角度を考えて叩きます。これは、飛行機の内部構造やシステムを熟知していないとできないことなので、そういったことは後輩隊員たちには伝えていくことができているかなと思います。

「風林火山」は
部隊を“家族”とするために

野村：2013 年の戦技競技会のために作ったパッ

制空迷彩に塗装が変更になった時、垂直尾翼に描かれている部隊マークは、概ね日の丸よりも小さいサイズに縮小されましたが、第302飛行隊だけは、垂直尾翼いっぱいのオジロワシを描いたまま運用終了を迎えています

チャレンジコイン。「風林火山」の文字とともに、上には「其疾如風 其徐如林 侵掠如火 不動如山」、下には「第302戦術戦闘飛行隊」と書かれています。裏面はF-35Aのシルエットと旭日が図案化されていました

チには「風林火山」と書きました。初代隊長の鈴木昭雄さん（防衛大学校一期生、20代航空幕僚長）が第302飛行隊創隊時、F-86やF-104など他機種から機種転換してきたパイロットや整備員のバラバラだった意識をひとつにするために、武田節の中に出てくる「人は石垣 人は城」という精神を隊員全員が持てるように、「風林火山」を飛行隊の旗印としたと伺いました。また、鈴木さんは「家族のつながりを大切にする」ために「オジロファミリー」として飛行隊員の家族も含めて大事にされたそうです。

機種がF-35A に変わった今も、意思は受け継がれ第302飛行隊は「風林火山」をかかげ、「家族のつながりを大事にすること」も現隊長の統率方針として受け継いでくれています。

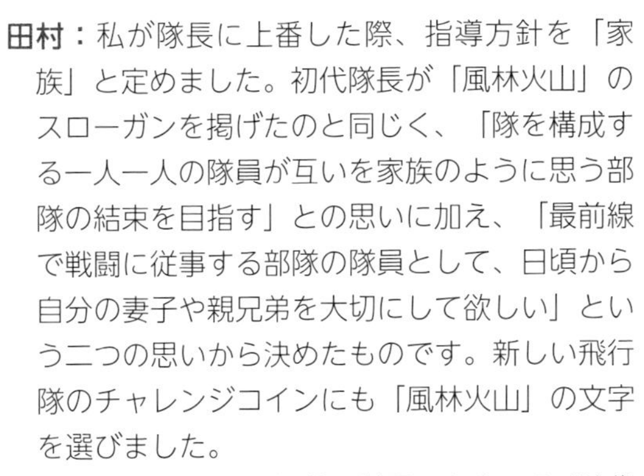

田村：私が隊長に上番した際、指導方針を「家族」と定めました。初代隊長が「風林火山」のスローガンを掲げたのと同じく、「隊を構成する一人一人の隊員が互いを家族のように思う部隊の結束を目指す」との思いに加え、「最前線で戦闘に従事する部隊の隊員として、日頃から自分の妻子や親兄弟を大切にして欲しい」という二つの思いから決めたものです。新しい飛行隊のチャレンジコインにも「風林火山」の文字を選びました。

現在の第302飛行隊の隊員のうち、F-4時代から在籍している隊員は数％しかいません。F-2やF-15といった戦闘機部隊出身者だけでなく、整備員には輸送機部隊や救難部隊から来た隊員もいます。場所も機種も変わって新しく生まれ変わった第302飛行隊は、約50年前に隊が千歳で創設された当初と似た状況にあり、「風林火山」のスローガンは正鵠を得たものだと考えています。

F-35Aへの機種転換は難しいですか？

田村：私はF-2から機種転換したのですが、F-2の原型となったF-16とF-35は同じロッキード・マーティン社の開発ということもあり、コックピットの設計や操縦方法には多くの共通点があります。一方でF-4やF-15とは単発機という違いもありますが、どの機種からの出身パイロットについても、FMS(Full Mission Simulator：シミュレータ)や実機での機種転換訓練によって比較的短期間でF-35Aの特性を理解し、安全に航空機を飛ばす技量を身に付けさせることができています。

柳：整備員としては、コクピットにスイッチ系が少なくなっているので、F-4に比べて点検にかかる時間が短縮されているように思います。

田村：従来機との違いについて話をすると、例えば操縦桿の位置や動きが異なります。F-4とF-15がセンタースティック（操縦桿が太腿の間にある）であるのに対して、F-2とF-35はサイドスティック（操縦桿が右側コンソールにあ

2013年の戦技競技会のために作ったパッチには、武田信玄の兜の図案とともに「風林火山」の文字が描かれています。手前に置かれているのはF-4EJ改を運用していたころとF-35Aになってからの部隊章です

組み立て中のF-35のコクピット。正面のパネルには機械式のメーターはなく、飛行諸元や周辺状況などの情報を整理して表示することができる大型のディスプレイが備わっています（画像出典：LOCKHEED MARTIN）

[2] 302Sq. 昇華：Bio_24@kotetsu24,百里基地,20090913

る）です。更に、F-2のサイドスティックはほとんど動かない固定された感圧式であるのに対して、F-35の操縦桿はF-4やF-15のようにグリグリと動くという違いがあります。舵圧（操縦桿の重さ）はそれなりにありますので、特に格闘戦の時などにパイロットが力一杯操縦桿をぶん回しているという点は従来機と変わらないかもしれません（笑）。

他に特徴的な点としてHMD（Helmet Mounted Display＝飛行状況などがヘルメットのバイザー上に映し出される）がありますが、これは非常に良く出来ており、操縦上の違和感や不便さはほとんどありません。それよりも、大画面のPCD（Panoramic Cockpit Display＝操縦席前方に設置されている大画面ディスプレイ）に表示される情報量が従来機よりも格段に多いため、パイロットが戦闘間に欲しいと思う情報をどのように取捨選択して得るのかに関する訓練を多く要します。

野村：日米共同訓練として、岩国のF/A-18と百里基地で訓練を行ったことがありました。その際、F/A-18のパイロットがF-4のコクピットを覗き込みながら「オレのおじいちゃんが操縦していた飛行機だ」と言っているのが聞こえました。アメリカでファントムが全盛期だった時期を考えると、そうなのかもしれません。

誇らしいのは、米空軍のパイロットから「50年近く使っているコクピットには見えない」と言われたことです。整備員の能力の高さを誇ることができたと感じています。

F-35AとF-4のエンジン

野村：私はファントムしか乗ってきていないため、ファントムからライトニングⅡに機種転換したパイロットに、違いを聞いてみました。総括していうと、F-4はマニュアルトランスミッションの重量の大きなクラッシクカー。F-35AはAIを搭載したオートメーション化された機体という印象だと言っていました。

ファントムの操縦は難しいです。低速度領域では、必ず足を動かして方向舵を動かさないと思ったように航空機は動きません。手で操作する操縦桿だけで無く、足を使って方向舵も駆使しないと上手く動かない、技量差の出やすい航空機だといえます。確かに機体は重たいのですが、搭載するJ79エンジンは、かつて米国で「レンガ焼き機」と呼ばれたくらいパワーがあるエンジンを2機も搭載しているので、推力に不安はありませんでした。

F-35Aは単発のエンジンですが、現存する単発機の中で、世界一パワーのあるエンジンを搭載し、さらに操縦のかなりの部分をオートメーション化されています。「F-35Aは頭脳で飛ばす」のだと言われることもあるのですが、操縦に関わるストレスをオートメーション化することによって軽減することで、コクピット内に表示される多くの情報を認識することに頭脳を使うことができる機体だということです。これに

F-35A用のヘルメットには、各部にセンサーが付けられていて、コクピット内でパイロットがどの方向を見ているかを計測しています。その結果にあわせてバイザーに飛行諸元や機体周囲の風景などを映し出すことができます

F-35Aに搭載されているプラットアンドホイットニーF135-PW-100エンジンの燃焼テストの様子。F-22に搭載されているF119を元に部品点数を40%削減するなどして開発されました（画像出典：USAF）

対して対照的に「F-4は気合いで飛ぶ」と言われてきました。

柳：F-4のエンジンは斜め下を向いているので、ブラストが直接、整備員に掛かりやすくなっています。また、機体と整備員の距離が近いので、隣のF-4がタクシーアウトする時などにブラストを浴びることがあるので、背を向けたり、しゃがんだりすることで、飛ばされないようにする工夫はしています。

野村：第302飛行隊が那覇にいた頃、早朝暗がりの中、急いでF-4を離陸させなければならなかったとき、エンジンを始動してしまっているF-4の近くを認識せず走っていた整備員が2～3m飛ばされたという話を聞いたことがあります。通常F-4を運用していない基地に移動して訓練を行う際、エンジンを滑走路上で試運転すると、F-4はエンジンの排出口が下に向いており、排気で滑走路上の塗装を痛めてしまうので、移動先基地の隊員にイヤな顔をされました。F-4 を通常運用している基地では工夫しているのでそのようなことはありません。

F-4とオジロワシへのメッセージ

柳：私にとって、F-4は整備員としての父親であり、ともに闘った友だと思っています。F-4で学んだことを、新しい機種に触る中でも受け継いでいきたいと思っています。整備員として、私を育ててくれた機体なので、本当に「おつかれさまでした。ありがとうございました。」という気持ちです。

これからは新しい302としてやっていくのですが、飛行機への気持ちは何も変わらないので、これまでとかわらず応援してください。

田村：長らく日本の空を守り続けてきたF-4と、それを運用し支えてきた諸先輩方への感謝と尊敬の気持ちでいっぱいです。F-4の機体は展示機として日本中に残り、我々のことを見守り続けてくれるのではないかと思います。F-4を運用していた第302飛行隊の思いと伝統は、F-35部隊としてオジロワシとともにしっかりと引き継いでいきます。ファントムのファンの皆様におかれましても、引き続き、第302飛行隊、そしてF-35Aを応援して頂ければ幸いです。

野村：半世紀にわたって、北海道から沖縄まで守り続けた機体に対して感謝しています。整備員もパイロットも、F-4からはいろいろなことを教わりました。F-4は整備員がいなければエンジンを回すこともできません。F-4は「仲間とともに闘う」シンボルだったと思います。

ファントムによって育てられた人材が代々、航空自衛隊を引っ張っています。F-35Aにもその伝統をしっかりと引き継いでいきたいと思います。

エポックメイキングであった第302飛行隊の歴史を引き継ぎ、その期待を上回れるように隊員一同努力していますので、これからもよろしくお願いいたします。

第302飛行隊の創隊40周年を記念して施された記念塗装機で、2015年3月7日に式典が開催されています。このとき、野村第3航空団飛行群司令が第302飛行隊長を務めていたそうです

2012年に40周年を迎えた航空自衛隊でのファントムⅡの運用を記念して388号機に施された特別塗装。現在、百里基地で展示されている302号機には、この388号機の塗装が施されています

[3] ファントム：Dえもん@amigo21030,百里基地,20100902／[4] ファントム：Dえもん@amigo21030,百里基地,20150302

RESCUE
09-8718
Traditions of 302sq are inherited.
PHANTOM
302ND TACTICAL FIGHTERSQ.
LIGHTNING
302ND TACTICAL FIGHTERSQ.

1

2

3

4

5

6

7

8

9

[1]-：Norick@Norickapex1220,-,-／[2]ブレイク：佐川　貴史@-,百里基地,20100725／[3]シシマル HOTスクランブルからのRTB：WING ACE@on_top_mark,百里基地,20110309／[4]Night of PhantomⅡ：進撃のぶりぶりざえもん@suikade203,百里基地,20181029／[5]レッツロールオン：ダブルネーム@RJST_doublename,百里基地,20121016／[6]南国の護り：nike-11@fieldimc,那覇基地,20081024／[7]夜景：ひろせゆうすけ@GreenTea_F22,茨城空港,20200819／[8]午後7時、ライトアップ。：う。@SuzuphotoA,茨城空港,20210326／[9]将来はパイロット？：SHO904@-,茨城空港,20210404

投稿者に了承を得た上で、画像の加工・トリミングしています

13

10 11 12 14 15 16

[10]雪がある朝：ピースキーパー@ystk4,百里基地,20120217/[11]出発前：坂ちゃん@1182218,百里基地,201007-/[12]私の空には今も飛んでいる。栗原　翼@-百里基地,20151025/[13]オールスター：nike-11@fieldimc,那覇空港,20081214/[14]VS レッドデビル：ふせ@Z8dVb,百里基地,20190408/[15]302sq west降り：ナビ navi space@NaviSpace,百里基地,20180605/[16]-：あけみさん@akemi127,百里基地,20180918

[17]アプローチ：aya01@aya01,那覇基地,20081212/[18]離陸：aya01@aya01,那覇基地,20071209/[19]ファントム無頼：IWAMETAL@IWAMETAL1,百里基地,20180905/[20]可愛いT4：ゆーきゃん@-百里基地,20121020/[21]航空祭：ゆーきゃん@-百里基地,20121020/[22]ファントム無頼　見参：石原基成@mgaia1,百里基地,20100725/[23]スタンバイ：aya01@aya01,那覇基地,20071209

[24]さらば、ファントムよ永遠に：メジロふぁんとむ@NikoNikonD5,百里基地,20190308/[25]背中もいいけど、お腹もね!：紫電@machshiden,百里基地,20181201/[26]302SQ：なおゆきん改@naoaz1,百里基地,20181201/[27]初めてのスペマ撮影：蒼雅@TFTG_8094,百里基地,20181201/[28]-：裕人@-,百里基地,20181202/[29]302ここにあり：野菜嫌い@syasinyorosiku,百里基地,20181202/[30]コロナ禍の終息を願って：マシャ雪@snowliner11,千歳基地,201807-/[31]百里基地航空祭で展示されたオジロワシ：嶋　祐一@-百里基地,20191201/[32]青空の下で：czule@czule,百里基地,20191201/[33]-：裕人@-,百里基地,20181202

那覇基地時代の第302飛行隊

第302飛行隊は1985年に那覇基地に移動して南西航空混成団の所属となりました。最南端の基地で南西諸島の防空に当たり、1987年には航空自衛隊史上唯一の対領空侵犯措置における警告射撃を行っています。

井原等元2等空佐も、那覇基地においてアラートなど最前線の任務を果たしています。1994年に第302飛行隊が20周年を迎えると、特別塗装機が施されました。

2018年の百里基地航空祭で展示飛行を終えた399号機の後席に座る井原等さん。前席はご子息で、展示飛行で操縦を担当しました。親子揃ってのファントムライダーで、TACネームはトムとジェリーだそうです

1974年7月19日に千歳基地で臨時第302飛行隊編成された時の様子が、防衛省のYoutube公式チャンネルに公開されています。

昭和４９年防衛庁記録：https://youtu.be/jg6_JvUf99Q

カエルと同郷の梅組

第305飛行隊は、1979年に百里基地で編成されました。1988年に10周年を迎えて、井原さんのデザインによる特別塗装が施されています。その後1993年にF-15に更新し、2016年には新田原基地へと移駐となりました。

1

2

第305飛行隊新編の式典の様子。当時はオレンジのパイロットスーツでした。

昭和53年防衛庁記録：https://youtu.be/jg6_JvUf99Q

[1,2]在りし日のファントム：CAMERLENGO@CAMERLENGO161,入間基地-1988,百里基地-1987

黒豹のファントムⅡと
オジロワシ

羽田空港からの直行便が三沢空港に着陸しました。滑走路の両脇に並ぶ基地施設を眺め、誘導路東端に位置するターミナルビルのボーディングブリッジに接続されるのを待ちます。予約しておいたレンタカーを借りだして、早速、ファントムⅡに会いに行きましょう。

Route#01
ブラックパンサーの
ファントムⅡ

三沢基地に隣接する「大空ひろば」の、滑走路に最も近い場所に、第8飛行隊に所属していたファントムⅡが展示されています。

黒豹を部隊マークに持つ第8飛行隊は、本来、ファントムⅡを運用する予定はありませんでした。F-86Fの運用から始まった第8飛行隊は、小松基地でF-1に機種転換。その後、F-2へとつながれるはずでしたが、F-2の開発遅延によってファントムⅡを運用することとなり、三沢基地へと移転しています。当時、航空自衛隊では戦闘機をFI（Fighter Intercepter：要撃戦闘機）とFS（Fighter Support：支援戦闘機）に分類していて、第8飛行隊はFSを運用する飛行隊だったため、それまでFIとして使われていたファントムⅡは、対艦ミサイルや爆弾を搭載して海上自衛隊・陸上自衛隊の任務の支援を主とした任務を果たしました。第8飛行隊は、現在、築城基地でF-2を運用しています。

百里基地で結成した後に那覇基地で任務を果たした第207飛行隊のF-104Jは、日本国内では数少ないコクピットに座ることのできる展示機体です。三沢基地をホームとするアメリカ空軍第35戦闘航空団のマーキングのF-16Aも、自由に見ることができるアメリカ空軍機として特別な展示だといえます。

隣に停まっているクルマに待機されているスタッフの大空ひろば展示機説明員（三沢基地空自OB）の安田さんと横沢さんが、展示されている飛行機のことを解説してくれました

住所　：青森県三沢市三沢北山158
ホームページ　：https://kokukagaku.jp/

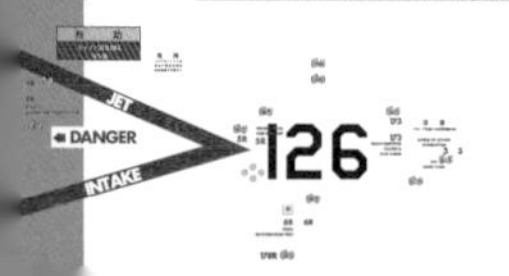

Route#02

青森県立三沢航空科学館

青森県立三沢航空科学館は三沢空港の東端に建つガラス張りの格納庫のような美しい建物の、飛行と科学をテーマにした博物館です。その館内には、日本で唯一、周回飛行航続距離の国際記録樹立を成し遂げた航研機が復元されて展示されています。無着陸航続距離と 10,000km における平均速度の 2 つの国際記録を達成した機体は、機首から機尾に向けて涙滴型に整えられていて、目を奪われます。

航研機は1938年に千葉県銚子～群馬県太田～神奈川県平塚を結ぶ、一周約402kmのコースを29周、時間にして62時間22分無着陸で飛行しました
航研機のエンジンと機首。その向こうに見えるのはYS-11ですが、どちらの機体も青森県に縁のある木村秀政が、その設計に携わっています

2 階フロアを歩いていると、約 750 機の戦闘機のプラモデルが飾られています。設置されたモニターには、現在では無くなってしまったメーカーのものも含めて、様々なプラモデルの箱を展開した画像が表示されています。これらは、館長が制作されたものが中心となっているそうで、飛行機プラモデルを趣味にしている私にとって夢のような空間だと感じました。

航空機黎明期から、現代の最新鋭機まで、主に1/48スケールの模型がたくさん並べられています。希少なキットの箱絵も必見です

Route#03

着陸を眺める

東に着陸灯のきらめきが見えて F-16CJ のエンジン音が近づいてきて頭上を飛び去っていくのを見送って振り返ると、旅客機が着陸のためにぐんぐんと高度を下げてくる。その次には、垂直尾翼にオジロワシを描いた第 302 飛行隊の F-35A がタッチアンドゴーで、F135 エンジンの独特な音を響かせる。

F-35Aのエンジン音は独特で低く、体に響くようでした

アメリカ空軍の第35戦闘航空団に所属するF-16CJ。垂直尾翼に書かれている"WW"は敵のレーダーを無力化する任務を負っていることを表しています

三沢基地への着陸コースのほぼ真下で、次々にやって来る飛行機は機種も所属も色とりどりで、飛び方も全く違うので、ずっと眺めていられます。ほぼ南西方向の滑走路を西に向かって着陸していくので、夕日を浴びて抑揚が強調された姿を見ることができました。

Route#04

食も堪能

三沢からクルマで 40 分ほどの八戸に宿をとり、そこで、現地の方の案内でみろく横町へ。細い路地に並ぶ飲み屋の中から「よろず屋 伊知郎」の暖簾をくぐり、青森の名産品のにんにく料理や刺身を堪能するうちに、気付いたら普段は飲まない日本酒まで楽しんでしまいました。

07-6433

DANGER
INTAKE

航空自衛隊偵察航空隊
第501飛行隊

1961 年に RF-86F を運用する偵察部隊として松島基地で編成され、1962 年に入間基地へ移動しました。1974 年に RF-4E を運用する百里分遣隊が編成されました。1975 年に本隊も百里基地に移動し偵察航空隊の改編が行われました。F-4EJ を改修した RF-4EJ も 1993 年から配備されています。

2020 年 3 月 9 日には「第 501 飛行隊飛行訓練終了セレモニー」が催されました。3 月 23 日に隊旗返還式が執り行われ、3 月 26 日に廃止となり、偵察航空隊は 59 年の歴史に幕を閉じました。

2021 年 3 月 18 日、RQ-4 グローバルホーク無人偵察機を運用する部隊が三沢基地で編成されました。この部隊は臨時偵察航空隊と名付けられています。将来、第 501 飛行隊の意思を継ぐ部隊となるかもしれません。

偵察任務のために生まれたリコン（偵察）ファントムⅡ

武装のない、偵察専用のRF-4EファントムⅡ

RF-86Fの後継として1972年に採用が決定され1974〜75年にアメリカで生産された14機のRF-4Eは、1975年に百里基地にて改編された偵察航空隊に配備され、運用が開始されました。

航空自衛隊RF-4Eの標準的な塗装となる、日本の山林に合わせた戦術迷彩

RF-4E

ノーズコーン

収められているレーダーがF-4EJ/EJ改よりも小さいためノーズコーンも細くなっている

洋上で発見されにくくするための低視認性迷彩
洋上迷彩とも呼ばれる
戦術迷彩の上から塗装されている

RF-4E

ノーズコーン

ライトニングアレスター（Lightning Arrester：避雷器）がない（F-4EJ改では装着されている）

F-4EJを改修して偵察能力を持たせているRF-4Eとは異なった迷彩色となっている

RF-4EJ

機首にはカメラを搭載するためのステーションが3カ所あり、任務によって4種類のカメラを選択・組み合わせて搭載します。

アナログフィルムによって撮影するため、基地に戻るまで偵察結果を知ることができません。武装もないことから、敵の攻撃をかわしながら基地へ戻ることが求められます。

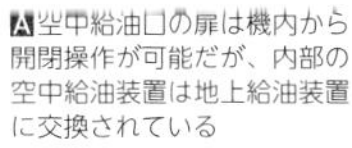
A空中給油口の扉は機内から開閉操作が可能だが、内部の空中給油装置は地上給油装置に交換されている

B機体後部には、夜間撮影のために発射するフォトフラッシュカートリッジ（照明弾）射出装置を収めた扉があり、機内から開閉操作できる

F-4EJを改修して生まれた偵察RF-4EJファントムⅡ

15機のF-4EJを改修（試改修機1機・単独改修機7機・量産改修機7機）して生まれたRF-4EJは1993年から運用されています。その後、量産改修機のみの運用となりました。

機首のM61機関砲は残されていて機内にカメラを搭載することができません。長距離偵察ポッド（LOROP）・戦術偵察（TAC）ポッド・戦術電子偵察（TACER）ポッドの3種が開発されました。機体下面中央に搭載して偵察任務に用います。

RF-4EJでは後席での操縦も可能ですが、第501飛行隊では後席に偵察対象にファントムⅡを適切に誘導する偵察航法士（ナビゲーターとも呼ばれる）が搭乗していて、機体を操縦することはありません。

LOROPを装備したRF-4EJ
長距離斜め側方を撮影するために、ポッドの側面に大きな窓がある

[1]-:もとさん@mirakuru17,岐阜基地,20191110
[2]夕陽に照らされるファントム:こまいぬ@snowman_1974,百里基地,20190122

KS-87 Sta①②③
前方偵察カメラ
3つのステーションに搭載可能
搭載位置により、前方・前方斜め下・側方を撮影することができる
焦点距離が異なる4種類のレンズが用意されている

KA-56E Sta②
低高度パノラマカメラ
プリズムを回転させることで、下方の180°をパノラマ撮影する
「LOW-PAN」とも呼ばれる

KS-127A Sta①②③
長距離側方カメラ
全ステーションを占有する大きなカメラ
側方を望遠で撮影できる

KA-91B Sta③
高高度パノラマカメラ
KA-56Eよりも高高度からパノラマ撮影する
通称「HI-PAN」

RF-4Eの搭載カメラ

4種類のカメラを、任務に合わせて3つの搭載位置（ステーション）に搭載して撮影を行います。

カメラの搭載例	
長距離撮影	KS-127A
低高度パノラマ撮影	KS-87＋KA-56E
斜め側方撮影	KS-87×2

後席キャノピーフレームにKS-127A用のファインダー（オプティカルサイト）が装着されている

偵察を行う側方偵察レーダー（SLR/Side Loocking Radar）AN/APD-10が機首側面に収められている
電波により、雲を隔てたり夜間であっても偵察できる
また、機首のレーダーも地形認識能力のある前方監視レーダー（FLR/Foward Loocking Radar）AN/APQ-172を装備（F-4EJ改はAN/APG-66J）

フィルムが収められているマガジンを機体へと運ぶ整備員

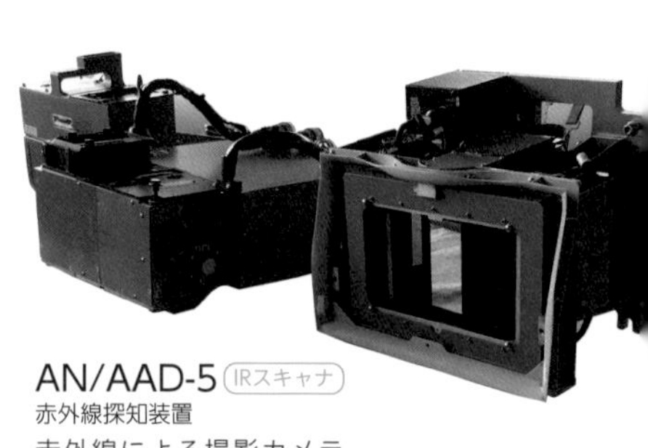

AN/AAD-5 IRスキャナ
赤外線探知装置
赤外線による撮影カメラ
対象の温度差を映像化することができるため、夜間の偵察を行うことができる

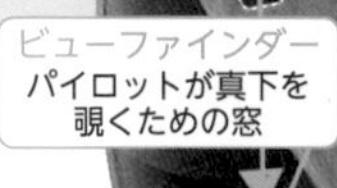

RF-4EJの偵察ポッド

2020年3月9日の「第501飛行隊飛行訓練終了セレモニー」では、2機のRF-4EJが並びそれぞれ、カメラを内蔵したTACポッドと、レーダーなどが発する電波を探知・評定するためのTACERポッドを吊下していました。

機体下面中央に吊り下げられているのがTACポッド
KS-153A低高度偵察カメラ・KA-95B高高度偵察カメラ・D-500赤外線偵察装置の3種類の偵察装置を同時に搭載することができる

KS-153A 低高度偵察カメラ
TACポッドの前2つの窓いずれかに取り付けられ、前方／真下を撮影する

433号機には、TACERポッドが吊り下げられていた
内部にはレーダーなどが発する電波を探知・評定するためのアンテナほか、そのデータを地上に転送するための装置が納められている

移動式フィルム現像装置

2019年12月1日に開催された百里基地航空祭では、移動式フィルム現像装置とシェルタを一般公開していました。

シェルタは壁・床を折りたたむことで、輸送機にて移送することができるように作られています。

1

1

[1]-:もとさん@mirakuru17,百里基地,20191201

3月9日13時25分に、最後の飛行訓練を行う3機のRF-4Eが百里基地の03R滑走路で離陸を開始。

午前中の雲は遠くなり、早春の暖かな日差しを受けたリコンファントムは、東の空へと消えていきました。

エプロンには、TAC／TACERポッドを付けたRF-4EJが各1機と、RF-4Eがたたずんでいます。

最後の着陸を迎える人たち

14時15分頃、滑走路の南から進入してきた3機はオーバーヘッドアプローチで着陸へ。1974年に日本に配備された初めてのRF-4E 901号機はタッチアンドゴーを行っています。

飛行した3機を待つスポットでは、APGの皆さんがいつもどおり飛行後の迎え入れのためにラダーやチョークなどの準備をしています。

2番機・3番機の森林迷彩RF-4E、そして1番機の洋上迷彩RF-4Eの順番で着陸をした3機はドラッグシュートを引きながら、滑走路を北のエンドまで。

そしてエプロンまで戻ると、第301飛行隊をはじめとして、百里基地に所属する全ての部隊が出迎えます。

消防隊による放水アーチをくぐった901番機は、受けた水しぶきを逆光に光らせてみずみずしく、美しい姿を見せてくれました。

3機がスポットに入り、垂直尾翼のウッドペッカーを並べ、J79エンジンを止めます。

コクピット内でヘルメットとベストを取り、RF-4E/EJから降りる3人のパイロットと3人のナビゲーター。APGがそれを手伝います。

100%の可動率を維持して

第501飛行隊の隊員が整列すると、偵察航空隊司令朝倉1等空佐から「100%の可動率を維持したまま飛行に関わる練成訓練を無事に終了することができたのは、航空自衛隊唯一の航空偵察部隊として、任務に真摯に邁進した結果だ」と訓示を受けました。

飛行隊長岡田2等空佐は「廃止の日までしばらくあるが、我々が必要とされる事態が起こった場合には、最後の最後まで誠心誠意尽力したい。ただ我々の出番があるということは有事や災害が

JASDF
TAC RECON GROUP
Ceremony

第501飛行隊 飛行訓練終了セレモニー

発生するということ。そうならないことを願っている」と挨拶をされました。

操縦者・機電・武装・機付長の順番に、御神酒掛けも行われました。シャークマウスの目に掛けられた御神酒が流れ、涙を流しているようでした。

和やかで、晴れやかに

記念撮影の後は、水掛け。

ビシッと整列して記念撮影していた姿から一変、なみなみと水を張ったプールに笑顔で駆け寄るパイロット達、いそいそと濡れる準備をするAPG達。

岡田飛行隊長の「501飛行隊ばんざい！」の合図とともに、大量の水が舞いパイロットもナビゲーターも、APGもびっしょり。集中砲火を受ける人、誰に掛けようか戸惑う人。

ファントムに「ありがとう」

朝倉司令からは「災害支援という活躍の場を与えられたのは意義深い／部隊がなくなるということはとても難しいことだった／ウッドペッカー引き継ぐ予定は、残念ながらない。応援してあげてください」とメッセージをいただきました。

また、岡田飛行隊長からは「RF-4E/EJには『ありがとう』の一言に尽きる／飛行機に意思があるなら、国民のみなさまの役に立ちたいという思いを持っていたはず／自分の任務をこなすために愛着を持つことで機体が応えてくれた／第501飛行隊は直接、被災された方々を助けることはなく、心苦しく複雑な思いがあった／備えはするが、もう出番が無いことを望んでいます」というお話を伺うことができました。

全てのセレモニーが終わり、日も西に傾いた頃、RF-4E/EJのトーイングが始められました。

筑波山を背景に移動していき、そして、1機ずつ格納庫に収められました。

1

2

3

4

5

6

7

8

9

10

[1]航空祭ならでは：りら吉@rirakiti,百里基地,20191130/[2]おいでファントム：蒼雅@TFTG_8094,百里基地,20181201/[3]Farewell The Phantom Ⅱ：コンブル@K12_konburu,-,-/[4]さよなら！：ih168@ih1681,百里基地,20191201/[5]ファントムII航空祭ファイナル：もとさん@mirakuru17,新田原基地,20191215/[6]-：みたらし@nm_uw_uw,百里基地,20191201/[7]Phantomファントム：Nicoまる@manao_ulu_wale,百里基地,20190710/[8]Thank you Spook：kurayki@-,横田基地,20190915/[9]SHARK TEETH：天然の水@eos9_680,茨城空港公園,20190825/[10]-：-空@yks0411,-,-

投稿者に了承を得た上で、画像の加工・トリミングしています

11 12 13 14 15

16

17

18

19

20

21

22

[11]アニバーサリー：m@sum@su@masumasu_RX8,岐阜基地,20111127/[12]ファイナルキャプチャー：亡霊釜@PhantomII81,百里基地,20191201/[13]-：M Crew@alpscrew,-,-/[14]威圧感のあるRF-4E PHANTOMⅡ：Hirotoshi@MR2AW11SP,百里基地,20191201/[15]這う：佐川　貴史@-,横田基地,20070826/[16]今までお疲れ様！：Asuka@hikoukizuki30,百里基地,20191201/[17]-：gripen501@-,百里基地,20191201/[18]-：Bio_24@kotetsu24,百里基地,20070730/[19]ラストショーへ：TAKE@take_3ta,百里基地,20191201/[20]見守る人：進撃のぶりぶりざえもん@suikade203,百里基地,20180424/[21]RF Complete mission：石原基成@mgaia1,百里基地,20100725/[22]Touch-and-go！：Tsucky@-,百里基地,20200225

Complete Missions

A Step Forward

336 393

429 431

To The Next Generation

Thank You

飛行開発実験団の Last Phantom

アメリカで生産され1971年7月25日に小牧基地に到着した301号機は航空実験団（後の飛行開発実験団）によって飛行性能確認試験が行われました

国産初の空対空ミサイルとなったAAM-1に続いて、より長射程のXAAM-2の技術的試験がF-4EJによって1972年1月から行われました

F-4EJの運用期間延長と能力向上のための改修計画が進み、431号機が先行してF-4EJ改へと改修されて1985年1月から実用試験が行われました

画像出典：航空自衛隊

岐阜基地に配属されている飛行開発実験団は、航空機に関する試験を行う部隊です。飛行機の限界を検証したり、新しいミサイルを実際に機体に搭載して、設計通り運用ができるか確認するなど、航空自衛隊の装備の実力を十分に発揮させることができるように開発・試験を行っています。

この試験のために、F-2やF-15などの戦闘機、T-4やT-7練習機、C-1とC-2の輸送機などが所属しています。ファントムⅡも、もちろん運用していて、2021年初頭には5機が所属していました。

飛行開発実験団のLast Phantom

2021年に入り、アメリカで生産された初号機である301号機、F-4EJ改へはじめに改修された431号機など、計5機のファントムのインテークベーンには、1機ずつ違う特別なマークがつけられました。

ファントムⅡの運用が終了すること、ファントムⅡへの感謝、そしてF-35Aや次なる主力戦闘機の運用や開発などの継ぎのステップへを歩みを進める決意が表されています。

47-8336
F-4EJ

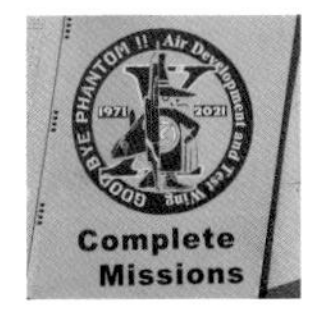

77-8393
F-4EJ

07-8429
F-4EJ

07-8431
F-4EJ改

2021年3月9日。東西に延びる滑走路の南側で待っていると、4機のF-4EJがF-2Bを伴ってタクシーして、301号機と393号機が単機で離陸していきました
429号機と336号機は並んだまま離陸。しばらくして滑走路上を低空で駆け抜けていきます。そのまま、いつものように基地の南側を回り込んで再び滑走路の西にアプローチしてきます
393号機と301号機は同時に着陸して、ドラッグシュートを引きながら目の前を滑走していきました。前に位置していた393号機のほうが先に着地していたのに、後の301号機が先にドラッグシュートを開いたのは、追突しないようにでしょう
最後に残る4機のF-4EJの全てが同時に飛ぶという、印象的なフライトでした

飛行開発実験団のパイロットにとってのファントムII

F-4EJ・F-4EJ改・F-15・F-2・T-4・T-7と多くの飛行機を、試験するという視点で操縦する飛行開発実験団のパイロットからみて、ファントムIIはどのような飛行機だったのでしょうか。

飛行開発実験団でファントムⅡはどんな役割を果たしていますか？

中島：飛行開発実験団に所属するF-4 301号機は、機首に搭載されている20mm機関砲が取り外してあり、その代わりに計測装置が入っています。この計測装置は機関砲に対してコンパクトなため、荷物を載せることができます。三沢基地や築城基地に展開時に宿泊が伴うため、荷物を載せる必要があるのですが、F-4にはスペースがありません。F-4に荷物を載せたい時はトラベルポッドを用いることもあるのですが、試験を行っていないためトラベルポッドと集塵ポッドを同時に搭載することはできませんでした。

装備品は試験をしないと搭載することができません。組み合わせて搭載する場合も、その組合せで試験を行う必要があります

基本的には現在、F-4は試験を行っていないので、F-2やF-15の試験を支援するための天候偵察に用いたり、F-2の飛行領域を拡大するための試験をする時に、チェイス（同行して機体状況を外部から監視）する役割を果たしています。また、射撃試験を行う時には、広大な海域の安全確認を行う必要があるのですが、F-4であれば後席はレーダーと目視による海域の確認を行いながら、前席が自機の安全を確保するという任務分担をすることができます。F-2やF-15でも海面監視はできるのですが、低高度で周囲を監視しながら自機の安全も確保しなければいけません。

また、TPC（Test Pilot Course：試験飛行操縦士課程）の戦闘機の教材としても使っています。F-4は縦の動きが不安定なため、飛行機の応答が分かりやすく、速度帯や形態による変化もはっきりしているので、教材としては良い飛行機です。

試験の支援は他の機種でもできますが、飛行機の特性をテストパイロット課程の学生に教えるという意味では、F-4を重宝しています。

ファントムⅡの操縦の特徴はありますか？

中島：飛行機の旋回は、ロールしてバンクを取り、操縦桿を引いて行います。スピードが速い状況であれば、どの機種も一緒です。

しかしF-4の場合、遅い速度帯になるとラダーを使うことが多くなります。F-4で左旋回を行う時は、右のエルロンが下がって左のスポイラーが上がり、左右の主翼の揚力差でバンクを取ります。エルロンを下げることで主翼のキャンバーを増やして揚力を増やすので

中島3等空佐

すが、低速度帯では主翼に沿って空気が流れなくなるので、極端に揚力が減ってしまい、揚力と抵抗のバランスが崩れて右にロールするアドバースヨーという現象が発生します。これを防止するためにラダーを使って飛行機を横滑りさせることで主翼にあたる空気の流れを変えることでロールさせるようになります。

左旋回を行うファントムⅡ。右のエルロンが下がり、左のスポイラーがあがっています。ラダーもわずかに左に入っています

F-4 は ARI（Aileron-Rudder Interconnect）というエルロンとラダーをコーディネートさせる装置が付いているのですが、さらにラダーを使うことがあります。失速の定義には、ノーズライズやノーズスライスといったものがあります。F-4 は重心が後ろにあり、バンクを取った状態で失速に近くなると機首が予期せず横を向く動きをするようになります。これをコントロールするために、ARI が作動していても、ラダーをオーバーライドさせる必要があるのです。必ずしもラダーを使わなければいけない状況ではないのですが、より安全に F-4 を操縦するためにラダーを使うことになります。

また、ACM（Air Combat Maneuvering：空中戦闘機動）をやっている時は、速度域は高いですが迎え角も高くなるため、ラダーを使って横滑りさせることで機首の向きを変えてから機動することもやります。このため「F-4 乗りは足癖が悪い」と言われることもあります。

堀口：F-15 のラダーは、大きく、2 枚ありますので良く効きます。ラダーを使うのは迎え角が大きくなった時が多いのですが、F-15 のラダーは胴体の側面にあるので胴体や主翼が発生させる乱流を避け、胴体に沿って流れてくる空気を受けるように設計されているため、顕著に効きが良いです。

大きな垂直尾翼とラダーを持つF-15。胴体側面に着けられていることで、迎え角が大きくなっても機体側面を流れる空気を受けるので、ラダーの利きは良いそうです

F-15 はラダーを使わなくても動いてくれますが、使うとより動いてくれます。F-4 から F-15 の部隊に移動してきた人は、速度が低くなった時にはラダーを使うと言っていました。航空自衛隊では F-15 の操縦方法としてラダーを使うことを基本的には教えていないので「次のステップの技術」といえるでしょう。

堀口 3 等空佐

離着陸では違いがありますか？

影山：F-4と他の機種では、離陸時のコントロールが逆になります。F-2やF-15では、離陸速度に達したら中立位置のスティックを後ろに引くような操作になります。F-4の場合は、スティックをフルに引いた状態から、ノーズが上がるにつれてスティックを戻していく操作になります。

堀口：スタビレータの効きが違います。F-2が一番効きが良くて、スティックを引くと率直に機首が上がってくれます。F-15は、少し遅れがあるという感じがあります。

F-4はスカスカな感じです。約150ノットの離陸速度ではぎりぎり効いているくらいで、コントロールがセンシティブです。速度が上がってくると効いてくるので、スティックを戻す操作が必要になります。

機種上げの角度を10〜12°に維持していると離陸速度を超えて機体が浮き、離陸となります

影山：着陸後に開くドラッグシュートですが、F-2のドラッグシュートは面積が大きいので、重量が重い状態であったり、滑走路が濡れていてブレーキが利きづらいなど、必要な時だけ使うようになっています。F-4の場合は、軽い状態で向かい風などの必要がない時以外は、ドラッグシュートを使います。F-4では開傘したことが分かる程度ですが、F-2ではクルマで急ブレーキを掛けた時のように体が前に持って行かれるほどです。

開くタイミングに関して規定はされていません。F-2でも「開傘すると機首が上がる傾向にあるが十分に制御できる範囲にある」となっているので、F-4と同じように主脚が接地した瞬間にドラッグシュートを開くことができます。ただし、横風が吹いているとドラッグシュートが風に流されて機首が風上を向いてしまうのですが、F-2ではラダーだけでは修正しきれないので、前脚を接地させてステアリングを効く状態にする必要があります。

離着陸前後のタクシー時の乗り心地は、F-4が一番いいと思います。

エプロンから誘導路へタクシーしていくF-2。パイロットは前脚よりも前に座るので、機体の揺れがパイロットに大きく伝わるようです

堀口：F-2は、誘導路の継ぎ目で機首が跳ねるので、タクシーの乗り心地は良くないですね。

影山3等空佐

中島：F-4は上下に揺れづらいので、安定してタクシーできますね。けどエアコンが効かないので、つらいです。そういう意味では、視点も高くてエアコンも効くF-15でのタクシーが一番優雅な気持ちになれますね。

タクシーアウトするF-15J。前脚のステアリング操作はラダーペダルで行います

他機種と編隊を組むのは難しいですか？

影山：私は、F-15の飛行隊のあと、松島の第21飛行隊でF-2に乗り、岐阜に来てF-4に転換しました。実は、航空自衛隊で一番最後にF-4に転換したパイロットなんです。

F-2から乗り換えて、違いをとても感じました。「F-4はどっしりとした飛行機」というイメージがあったのですが、上空に上がると不安定な、フラフラするようなところがあります。重たいのに不安定で当て舵を入れる必要があるなど安定して飛ばすことが難しいといえます。

F-2は操縦が比較的、易しい飛行機ですので「どのようなシチュエーションでもついて行けるかな？」と思いますが、F-4はもともと難しいうえに100時間ほどしか乗っていないので、F-4で他の機種に付いていくのは難しいと感じます。

中島：低速域では他の戦闘機の方が有利なので、F-4がリーダーを務める時は良いのですがウイングマンだとついていくのが難しくなります。

逆に、F-4には、スロットル操作に対して遅れがないという、いい点もあるので、他の機体と飛ぶ時は一気にパワー操作しないようにしています。

先頭に立つのがリーダーで、編隊の行動を司ります。隣に位置してリーダー機の行動に従うのがウイングマンとなります

飛行開発実験団のパイロットはすべての戦闘機の特性を把握していますから、機種ごとの有利・不利を考えながら飛ぶというのも、楽しみだといえます。同機種であっても、形態の違いによって、より重い機体をリーダーにするなど、いろいろと考えながら運用しています。

堀口：編隊を組むと、スピードブレーキの抵抗の差が顕著に出ます。F-15が先にスピードブレーキを開くと、F-4やF-2は前に出てしまいます。F-2のスピードブレーキは抵抗が少ないのに対して、F-4は機体自体に抵抗が大きいため、F-4が推力を急激に絞るとF-2はスピードブレーキでは調整できなくなってしまいます。他機種の特性をよく知っているF-15パイロットは、スピードブレーキの使用量を調整したり、エンジンパワーを足した上でスピードブレーキを使うなどすることで、F-4やF-2が編隊を組みやすいように技を駆使します。

F-2のスピードブレーキは機尾にあり、上下に均等に開くため、スピードブレーキの開閉によって姿勢変化が起こりにくく、優れたスピードブレーキといえます

F-2のスピードブレーキは、機体後方の上下の中央についていますから機首がうごくことはありません。F-15の場合は、胴体の上にスピードブレーキが立つのですが、CAS（Control Augumentation System：操縦性増強装置）によりスタビレータが自動的に作動するので、

機首が暴れるようなことはありません。F-4では、スピードブレーキを開いたこと、スピードブレーキにより速度が下がったことで、機首が動きます。機体が上下に振れてしまい、それを押さえ込む時にオーバーコントロールとなってしまうと、さらに上下に揺れるため、後席のパイロットが酔ってしまうこともあります。

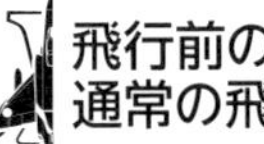

飛行前のブリーフィングで、通常の飛行隊と違うところはありますか？

中島：ブリーフィングは、前半に行われる天候に関することなどは、通常の飛行隊で行われている内容と変わりません。

その後に行う、飛行試験をサポートする技術幹部たちとのブリーフィングが、飛行開発実験団で独特なものになります。飛行法案の中身の説明を技術幹部からしてもらい、質疑を行います。飛行法案に関しては、試験の計画段階でパイロットと技術幹部で話し合いをして作成するのでブリーフィングが初見ということはありませんが、試験する内容に齟齬や抜け落ちがないように、離陸前に改めて確認を行うといった趣旨になります。

影山：訓練飛行を行うの場合は、大まかな訓練内容は示されているので「なにを練習するか」という具体的な内容は自分で決めます。次の飛行試験の内容に即した訓練を行うこともできますし、古い試験方法を自分なりに解釈して訓練を行うこともあります。

新しい飛行領域の確認をするための試験飛行では、リスクを十分に検討しています。「崖の縁を覗きに行くような」と例えていました

が、命綱を付けて助けてくれる人もいる状態でゆっくりと崖に近づいていくように、リスク管理を行っています。

堀口：現在の解析の精度は高く、実際もその通りになりますから、メーカーで行った事前解析で危ないと分かったことはやりません。パイロットはシミュレータを使って練習するなどして、習熟した上で本番に臨んでいます。

救命装具に違いはあるのでしょうか？

中島：F-4とF-15は同じ救命装具ですが、F-2だけは違います。F-2で飛行を予定していたけれどバックアップ機のF-4に乗り換えなければならなくなったという場合、ジャケットを着替えることになります。チェックリストと呼ばれる簡易的な飛行手順書も飛行機ごとに違うのですが、慌ててF-2用のチェックリストを持って乗り込もうとしたらF-2用のジャケットのままで、F-4,F-15用のジャケットを届けてもらうなんていうのも、飛行開発実験団ならではのエピソードかもしれません。

影山：F-2だけがサイドスティックといって、操縦桿が横にあるためです。ジャケットには浮舟といって、緊急脱出後に水面に降りた時に膨らむ浮き輪のようなものが付いています。T-4,F-4,F-15用のジャケットでは浮舟が首回りと脇についていますが、F-2の操縦では脇の浮舟がサイドスティックを握る時に邪魔になるのです。F-2用では、脇の浮舟をなくし、その分首回りの浮舟が大きくなっています。

堀口：Gスーツとヘルメットは貸与ですが、自分専用です。ある程度のサイズの中から、自分に合ったものを選びます。ジャケットは部隊所有となっているので、転勤の時には部隊に置いていくことになります。

ワッペンに関しては、申請しないと付けることはできません。ワッペンには、部隊への帰属意識や団結のトレードマークになるもので、大切なのです。ただし、ヘルメットに関しては明確な規則がないので、個人の裁量でシールを貼ることになりますが、飛行開発実験団では隊長指導もあり統一しています。

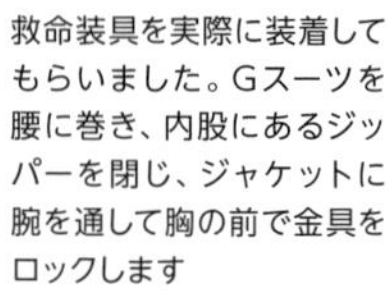

救命装具を実際に装着してもらいました。Gスーツを腰に巻き、内股にあるジッパーを閉じ、ジャケットに腕を通して胸の前で金具をロックします

飛行開発実験団で飛ぶということはどういうことなのでしょうか？

影山：いろいろな機種に乗るので、１機に長く乗っている人と比べたら「機体との一体感」というのは感じづらいかもしれません。場合によっては、「F-4には１ヵ月ぶりに乗る」ということもありますから。

機種ごとの特性に合わせて訓練内容を組み立てます。いろいろな機種に乗り、それぞれの特性に合わせた飛ばし方に挑戦するというワクワクは感じますね。

堀口：他の飛行隊では、教える立場になりますので自分のことばかり考えていられませんが、岐阜では試験飛行のために自分で考えて飛ぶことができるように感じています。

中島：「操縦は難しいですか？」と聞かれた時にはいつも「難しくないです」と答えています。自動車免許を持っている人が日常的にクルマを運転することは難しくありませんよね。

乗る機種、天候、僚機、飛行内容が無限の組合せになりますので、飛行計画の段階から楽しいと感じます。

けれど、例えば「2台で、車間距離を常に一定に取りながら目的地に到着してください」という条件でクルマを運転するのはかなり難しいと思います。私たちのフライトでは、そういった満たすべき要素が多くあるので、難しいともいえます。

飛行開発実験団の整備員にとってのファントムII

301号機の初飛行は1971年1月14日。引退するまで50年2か月4日間、現役であり続けた機体を支えた整備員はどんな人たちだったのか、インタビューしてみました。

船津3等空曹：私は平成16年からF-4の整備を担当するようになりましたので、今年で17年目になります。大学生時代は宮崎県にいたのですが、子どもの頃から飛行機が好きだったので、新田原基地にF-4を見に行ってました。その後、航空自衛隊に入隊したのですが「折角だからF-4が触りたい」と希望して、入隊以来ずっとF-4を専門に整備しています。

大坪1等空士：入隊して1年、整備員として勉強を始めてから3ヵ月ほどです。前職は三菱重工業の小牧工場でF-15のIRAN(Inspection and Repair Necessary：定期修理）をしていました。IRANと列線整備は、整備の根拠となるTO（Technical Order：技術指令書）は一緒ですが、実際の作業では違う部分が多いですね。自衛隊の航空機整備職では、機体のシステムの系統ごとに専門に分かれて整備を行いますが、IRANでは作業内容によって分かれているという違いがあります。

ファントムIIの整備の難しさとは

大坪：F-15よりF-4のほうが機体が低く、コクピット内部も狭いため、F-4のほうが整備しづらいですね。F-15のエンジンだとデジタル制御ですからモニタリングして故障を発見することができますが、F-4のエンジンはそのような自己解析システムはないので異変を五感で感じなければいけないようです。私はまだまだその域には達していないです。

船津：もちろんエンジンのことを勉強しておくことは大切なのですが、その上で、エンジンの異常は日常的に起こることではないので、長い間F-4の整備に携わる中で身をもって体験することが必要になります。

例えば、エンジンを始動したら通常とは違う

匂いがするので検査すると、エアーを送るバルブが固着していたということがありました。着陸後、エンジンから白煙が出ているので慌ててエンジンカットして調べたらエンジンの潤滑油の循環経路が破断していたことはありました。

このような事例が起こることは、とても少ないので長く携わらないと経験することができません。

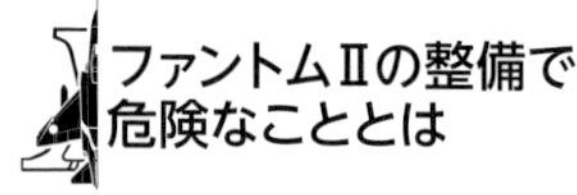

ファントムⅡの整備で危険なこととは

船津： 整備員の仕事はOJT（On the Job Training：実務訓練）を通して、まずは安全に作業できるように教育します。航空機の整備は、機体の上部を見る人と下部を見る人が連携して行うものなので、息の合った整備をしないと危険です。また、エンジンが回っている時にフラップやエルロンの点検をする時は注意が必要です。操縦桿を動かしたらすごい勢いで作動するので、挟まれてしまったら切断などの危険があるので、パイロットともしっかり連携しなければなりません。

主翼前縁のフラップはエンジンが回っている時にチェックする必要があります

大坪： 胴体の上はいいのですが、斜めになっている水平尾翼の上での整備は、怖かったですね。今は慣れてきて恐怖心はなくなってきましたが、F-15の整備では感じたことのない恐怖でした。

ファントムⅡに使われているねじはどんなもの？

船津： F-4ならではの整備方法としては、機体の外板やパネルの点検をするためにドライバーの柄で擦ることがあります。パネルを固定するスクリューが弛んでいると「ガチャガチャ」といった音がするので分かるのです。F-4の人は必ずやるので、逆に他機種でもドライバーの柄でタッピングしている整備員を見かけると「F-4出身かな？」と思うことがあります。

「F-4整備員あるある」のようで、三沢基地でこの話をしたら、元F-4整備員の方も笑いながら「そうですね！」っていってくれました

そのスクリューをお見せしたいと思います。あまり他の機種では使われていない、リードアンドプリンス式とフィリップス式のスクリューを集めてきました。締付に使用するドライバーの先端の形状が、それぞれで違います。これらのスクリューはブラストパネル（エンジンノズルの後ろにある機体下面）や胴体下面のエンジンドア、外板などで使われているものです。もっと特殊なネジもありますが、列線の整備で触る部分には使われていません。

見せて頂いたスクリューは、どれも「プラスねじ」ですが、ねじ頭の形状に違いがあります。フィリップス式は日常的に目にすることが多い形式です。リードアンドプリンス式（画像右から2つ目）は“+”の彫り込みが異なり、ドライバーも互換性はありませんが、フィリップス式よりも強い力を掛けることができます
ねじ頭に書かれている“NAS”はNational Aerospace Standard（国際航空宇宙規格）に適合していることを示しています

ファントムⅡの塗装やステンシルの補修は？

大坪：機体の部位により塗料を使い分けています。例えば、機体外板のグレーと、降着装置の白は違う素材の塗料です。

機体各部のマーキングは、あまり消えることはありませんね。消えてしまった時は、シールのようなものを部隊で持っているので貼り替えます。那覇基地で運用されている機体だと、貼り替えることが多いかもしれませんね。

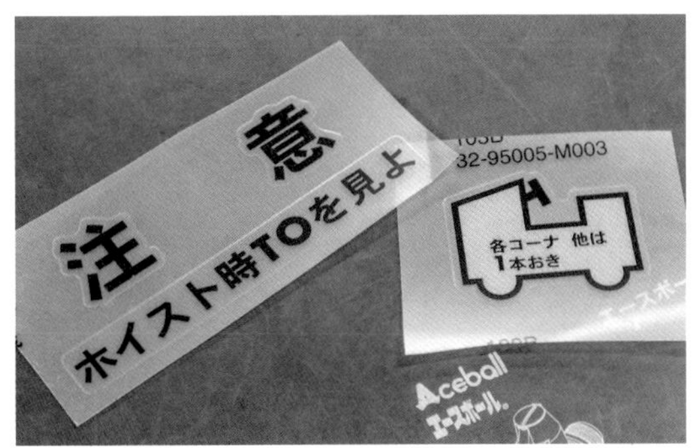

「ステンシル」と呼ばれることもある、機体各部に書かれている整備・運用上の注意書き。右のステンシルは、「このパネルは、けん引する時には1本おきにスクリューを閉めた状態とすること」という意味です

301号機の整備は他の機体と違いますか？

船津：301号機は、13年間、整備にあたっています。

エンジン始動後の発進前点検に「作動油が漏れていないか」という項目があり、F-4ではガンベイを開けて20mm機関砲のモータードライブ部からのオイル漏れをチェックするのですが、301号機は20mm機関砲を搭載していないのでガンベイを開けることはありません。

301号機を最後の最後まで元気に飛ばせるように整備しています。足らなくなっているパーツは、用途廃止になった機体からパーツを取って、点検してから使用することもあります。

301号機の機首下面には20mm機関砲の排気口などがなく、代わりに横滑りセンサーが取り付けられています

ファントムⅡが引退しますその先への展望を聞かせてください

大坪：F-4が引退するまで、F-4の整備をしっかり勉強していきたいと思います。航空自衛隊の先輩や三菱重工業の方々が整備してきたF-4に、新人として最後に関われる光栄に思っています。F-4の引退後も、岐阜基地でいろいろな機体の整備に携われるようになっていきたいと思います。

船津：私はF-15ですね。F-4で機体下部の整備をしていると、背中や頭にいろいろなものがあたるので、機体下部に余裕のあるF-15がいいです。

整備員の肩に付けられていたパッチ。右肩のパッチに書かれた“X”は「eXperiment：実験」を表しています。左肩のパッチは“Final”という綴りをPhantomへの思いを込めて「Phinal」と変えて書かれています

鬼塚 卓也　所属・飛行隊

Q1 ファントムⅡを初めて知ったのは？
高校生の時に遊んでいたエースコンバット5にて、
バーレット隊長が搭乗していたのが、
ファイターパイロットを目指したきっかけです。

Q2 ファントムⅡを初めて操縦した印象は？
高迎角時、ラダーを使用する必要があるので難しい

Q3 ファントムⅡの好きなところ・嫌いなところはありますか？
●好きなところ
シルエット・ヨーストリング
●嫌いなところ
なし

Q4 ファントムⅡに乗る時に、必ずやっていることはありますか？
搭乗時、降機時にF-4に挨拶をしていました。

Q5 お気に入りの機体や、愛称のある機体はありますか？
409号機＝デジタル迷彩柄

Q6 退役してゆくファントムⅡにメッセージをお願いします。
寂しさもありますが、同時に新たなスタート
なのかなとも思います。

Q7 ファントムⅡのファンの皆さんへメッセージをお願いします。
ありがとうございます。
今後も応援よろしくお願いします。

影山 直人　所属・飛行隊

Q1 ファントムⅡを初めて知ったのは？
小学生位の頃、模型店にあったプラモ。
その頃でも、少し古い機体だと思った。
当時は（今でも）F-14が好きだったので、
それほどF-4に思い入れは無かった

Q2 ファントムⅡを初めて操縦した印象は？
思ったより動きが軽い、安定性が悪く縦操縦が敏感、
コクピット内のレイアウトが悪く機器が操作しづらい
F-15やF-2と比べるとパワーが無く視界も悪い。

Q3 ファントムⅡの好きなところ・嫌いなところはありますか？
●好きなところ
地上でも上空でも、どの角度から観ても絵になる
独特の操縦性で乗りがいがある。
●嫌いなところ
欠点は多いが、それも個性であり、嫌いではない。
強いてあげれば、エアコンの効きが弱く夏は暑いこと

Q4 ファントムⅡに乗る時に、必ずやっていることはありますか？
特にありません

Q5 お気に入りの機体や、愛称のある機体はありますか？
個性はそれなりにあると思いますが、空自の整備が
優秀なので、どの機体も同じように乗れました。
お気に入りは、やはり301号機です。
コクピット内の銘板がマグドネルダグラスのもので、
「PHANTOMⅡ」と書いてあるのがカッコイイです。

Q6 退役してゆくファントムⅡにメッセージをお願いします。
私は空自で一番最後に機種転換したので、TPC期間を
除くと約2年しかF-4に乗れませんでした。
もう少し乗っていたかったという気持ちです。

Q7 ファントムⅡのファンの皆さんへメッセージをお願いします。
今まで暖かいご声援ありがとうございました。
他の空自機についても、応援よろしくお願いします。

庄司 友洋　所属・飛行隊

Q1 ファントムⅡを初めて知ったのは？
中学生の頃、たまたま本屋で立ち読みしていた雑誌に
載っていた写真。これに乗ってみたいと思ったのが、
パイロットを目指すキッカケに。

Q2 ファントムⅡを初めて操縦した印象は？
デカい！重たい！アナログ！
（F-2からの機種転換だったので）

Q3 ファントムⅡの好きなところ・嫌いなところはありますか？
●好きなところ
形、手と足全てを使って操縦するところ
●嫌いなところ
視界が良くない。

Q4 ファントムⅡに乗る時に、必ずやっていることはありますか？
F-4だから特に、というものはありません。

Q5 お気に入りの機体や、愛称のある機体はありますか？
戦競機番だった426号機。
ラストフライトも担当できたのが良い思い出です。

Q6 退役してゆくファントムⅡにメッセージをお願いします。
「ありがとうございました」という気持ち

Q7 ファントムⅡのファンの皆さんへメッセージをお願いします。
これからも航空自衛隊を応援よろしくお願いします。

飛行開発実験団の Last Phantom

中尾 直孝　所属・飛行隊

Q1 ファントムIIを初めて知ったのは？
小学生のころ「ファントム無頼」を読んで、パイロット、かっこいいなと思った。

Q2 ファントムIIを初めて操縦した印象は？
「真っ直ぐ飛ばない…」
初めての戦闘機で、練習機との性能の違いに驚いた。

Q3 ファントムIIの好きなところ・嫌いなところはありますか？
●好きなところ
機体のスタイル
●嫌いなところ
低速域でのコントロールが面倒

Q4 ファントムIIに乗る時に、必ずやっていることはありますか？
特になし

Q5 お気に入りの機体や、愛称のある機体はありますか？
426号機、空対地射撃訓練との相性が良く、狙い通りに弾が当たった。

Q6 退役してゆくファントムIIにメッセージをお願いします。
約50年の任務、お疲れさまでした。
ファントムIIと共に過ごした25年、充実した日々であり、感謝しかありません。

Q7 ファントムIIのファンの皆さんへメッセージをお願いします。
多くの応援ありがとうございます。
今後は多くの場所で展示機として歩みますので、引き続き応援してください。

山口 大介　所属・飛行隊

Q1 ファントムIIを初めて知ったのは？
航空学生の研修で。印象…憶えてません

Q2 ファントムIIを初めて操縦した印象は？
無我夢中だったので憶えていない

Q3 ファントムIIの好きなところ・嫌いなところはありますか？
●好きなところ
形
●嫌いなところ
なし

Q4 ファントムIIに乗る時に、必ずやっていることはありますか？
特になし

Q5 お気に入りの機体や、愛称のある機体はありますか？
機体毎にクセがあり、中には真っ直ぐ飛んでくれないのもある。
皆お気に入りです。
愛称は特になし

Q6 退役してゆくファントムIIにメッセージをお願いします。
最後まで安全に飛行できてほっとしました。

Q7 ファントムIIのファンの皆さんへメッセージをお願いします。
いつまでも、F-4のことを忘れないでいて下さい

中野 善文　所属・整備群本部整備統制班

Q1 ファントムIIを初めて知ったのは？
初任地の百里で見た305SQ所属の白いF-4を見たのが初めてでした。検査隊で作業をしていましたが、入りにくい注油で手間取ったり、安全線がうまくできず先輩から怒鳴られたりしていました。新兵時代の整備員としての印象ですが、同時期に整備していたF-15に比べて古く、テクニックを求められる機体で、冷や汗をかきながら整備をしていた印象です。

Q3 ファントムIIの好きなところ・嫌いなところはありますか？
●好きなところ
フォルム、音、頑丈さ
●嫌いなところ
整備性。機体下面に頭をぶつけて5針縫うケガをした。作業服の膝がすぐに破れる。

Q5 お気に入りの機体や、愛称のある機体はありますか？
301号機はGUNがなく点検箇所が一つ減るのでちょっと好きです。飛実の機体は語呂が当てはまる機体がないので、愛称はありません。

Q6 退役してゆくファントムIIにメッセージをお願いします。
古い機体ではありましたが、それゆえ、特異な故障は出尽くしており、修理の見積もりが立てやすい機体でした。終了前の1年ほどは安定した運用ができていたと記憶しています。ファントムだけは毎日列線に並んでいるという状況でした。手間はかかるけど、よく応えてくれていた機体がなくなるのはとてもさみしいです。

Q7 ファントムIIのファンの皆さんへメッセージをお願いします。
今までの皆様の応援、ありがとうございました。航空祭での記念塗装機の反響などをいただいて、整備としてとても嬉しく感じていました。展示場所に足を運んでいただき、ファントムの余生を見守っていただけたらと思います。

飛行機が生まれる場所の由来は織田信長にあり

Route#01

岐阜基地のすぐ近くでまずは、登山

眼下には岐阜基地。空には小牧基地へ高度を下げていくKC-767。入口から坂道を上り初めてから15分ほどで三井山の山頂に立つと、まさに飛行機好きにとって絶景としかいえないスポットに立つことができました。荒れた岩肌や急な斜面を、大きなカメラや脚立を抱えて登ってくる、そうしたくなる気持ちを一瞬で理解できます。

誘導路を東へとタクシーしていくファントムⅡの姿が見え、ラストチャンスで折り返して滑走路を駆け抜けて、街並みを背景に高度を上げていき、三井山を巻き込むように左へと旋回して南へと飛び去っていきます。

Route#02

たくさんのファンとともにファントムⅡを見上げる

足元に気を付けながら下山して、基地の東側にある空の森運動公園を訪れてみました。すでに多くのファンが集まり思い思いに過ごしているようすでしたが、突如、立ち上がって東の空へとカメラを向けます。

重なる工場の屋根の谷間の向こうから、左にひねりながらこちらへと突っ込んでくるファントムⅡの姿が見えて聞きました。続いて、F-2、C-1、T-4と、次々と滑走路のほうへと姿を消してタッチアンドゴーのあと、再び眼前に現れます。ついにはF-35Aまで登場して、とても贅沢をしている気分です。

岐阜かかみがはら航空宇宙博物館
住所　：各務原市下切町5-1
ホームページ　：http://www.sorahaku.net/

年間パスポートも「航空宇宙」のテーマにあわせたイラストでかっこいいですね

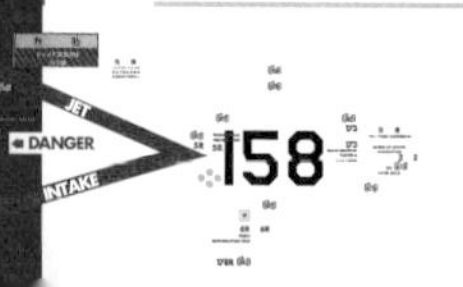

Route#03

岐阜基地が航空機開発の最前線であることを実感

もう一つの、岐阜で航空機を贅沢に堪能できる場所といえば、岐阜かかみがはら航空宇宙博物館です。岐阜基地の前身となる各務原飛行場で初飛行し､川崎重工業によってレストアされた『飛燕』。その川崎重工業が主体となってC-1輸送機をもとに短距離離着陸の試験機として生まれた『飛鳥』など、岐阜基地に由縁を持つ希少な航空機がたくさん展示されています。館内の展示スペースはゆったりしていて、さまざまな角度から機体を観察できます。『飛鳥』は、その特徴的なエンジンの取付部やフラップなどを、下からも、上からも観察することができるので、時間がいくらあっても足りません。

Route#04

岐阜基地の由来にまつわる神社を参拝

手力雄神社を訪れてみました。織田信長は、本拠地とした岐阜城を手に入れることになる戦に際して、この神社で戦勝祈願をし、後に広大な領地を寄進したそうです。その中には、現在の岐阜基地にあたる土地も含まれてて、陸軍の砲撃の練習場として利用された後、1917年に飛行場が作られています。現在も、岐阜基地の方々が新年の奉納に見えることもあり、岐阜基地の鎮守ともいえる神社です。

Route#05

再び訪れたくなる岐阜基地

新東名高速道路を東に向かう車内で、飛行機を堪能することができた旅だったと､振り返ります。

機種が豊富で、飛行開発実験団の腕利きのパイロットが飛ばすから機動がシャープ。岐阜基地に隣接した川崎重工業や小牧基地の三菱重工業で完成したばかりの最新鋭機の初飛行も見ることができます。

岐阜基地は、本当に飛行機好きにとって贅沢すぎます。

なぜか、岐阜に訪れるたびに食べることになったタンメン

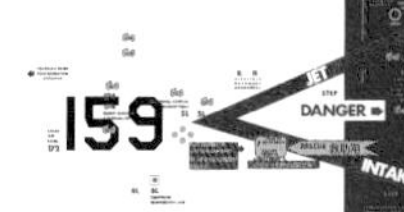

First and Last

Phantom II

最初のファントムⅡに施された特別塗装

301号機は、1971年に302号機とともに、最初に日本の空を飛んだF-4EJです。301号機はラストフライトに向けて特別な塗装をまといました。その塗装作業の様子を飛行開発実験団整備隊に所属する大島1等空曹に聞きしました。

301号機の塗装にはどのような意味がありますか?

大島: 301号機は1971年にアメリカからフェリーされて以降、約50年もの間、運用されてきた機体です。今までの活躍に感謝の意を込めて、F-4の導入当時のカラーリングにしています。

意匠に込められたメッセージはどのようなものでしょうか?

大島: 胴体横と増槽タンクに書いてある「Phantom Forever」の文字は用途廃止になっても私たちの中でファントムは永遠の存在であるという意味で、胴体下の「Thank You」の文字は長い間、日本の空を守ってくれてありがとう、お疲れ様という気持ちで入れました。

どのようにして決まりましたか?

大島: 今回の塗装は2014年の航空自衛隊60周年記念時に実施したものと同じです。2017年に409号機に岐阜飛行場100周年記念で塗装をした際に、もしF-4のラストイヤーに塗装するならば、もう一度グレー塗装にしようと関係者と話していました。

他の案はあったのでしょうか?

大島: 当初計画では2機に記念塗装を実施する予定でしたので、別案もありましたが、今は手元にありません。

特別塗装を施す機体は、どうやって決めるのでしょうか?

大島: 飛行時間の残りや運用側の所要、整備計画等を勘案して統制部門が決めます。今回はF-4導入時のカラーリングということから、301号機に施すことを希望していました。

使われている塗料はどのようなものですか?

大島: 市販の溶剤系アクリル樹脂塗料と同様のものになります。

デザイン画を実寸にするのは、どうやっているのでしょうか?

大島: 上下面の塗り分けはフリーハンドです。文字や垂直尾翼の団マークはカッティングマシンを使っています。

どのような手順で塗装を行っていますか?

大島: 機体表面をサンディングして足付けをして清掃と脱脂をします。マスキングテープで塗らないところを保護してから塗装します。文字や絵、団マークにはクリアー塗装を行っています。

飛行開発実験団整備隊の整備員の皆さんの肩には「FINAL PHANTOM CREW」の文字の入ったパッチが付けられていました
その中央に立つのが、F-4担当分隊の分隊長を務めている大島 健郁1等空曹です

飛行開発実験団の隊舎の前に駐機する特別塗装を施された301号機。撮影のために通常とは違う位置に駐機してくれました胴体側面の「Phantom Forever」は、左右のどちらの面にも書かれています。胴体下面には「Thank You」の文字とともにスプーク（ファントムⅡのキャラクタ）が描かれています

ADTW
17-8301
Phantom
Phantom Forever
HYAKURI AIR BASE ELEV. 107FT
First and Last

JET
DANGER
INTAKE
301
Phantom II

集じんポッド

301 号機は、導入当初から飛行性能確認試験などに用いられていたこともあり、機首の20mm機関砲を搭載せず、そのスペースに荷物を載せることができました。

集じんポッドの中にはフィルターがセットされていて、所定の高度でポッドのバルブを開くことで、大気に浮遊する塵を集めるようになっています。この塵に含まれる放射濃度や放射性物質の種類を測定することで、近隣国における核実験の影響などの研究に役立てられています。

集じんポッドは、左主翼下のパイロンに取り付けられています。このパイロンは主翼底面に対して約7°傾いていて、集じんポッドはパイロンに対して垂直になっています。このため、尾部のフィンも地面に対して斜めに傾いています

先端の穴から空気を取り込み、後端から濾過された空気が出ます。フィルターは前半分のヒンジから胴体を折り曲げることで取り出すことができます。胴体左側面のパネルの中には、胴体内を通過した空気量のカウンターがあり「飛行前にリセットすること」という注意書きがありました

トラベルポッド

ファントムⅡが他基地に行く時に装着されているポッドはどんな役割なのか？飛行開発実験団整備群本部整備統制班の中野さんに聞いてみました。

飛行開発実験団に所属するファントムⅡが他基地に展開する時に、必要となる機材を積載するために、F-104Jの翼端増槽を前後に切り詰めて内部を改修して作られたF-4用のトラベルポッド
ポッドの左面には、参加した基地航空祭の日程などが書かれています

301号機が百里基地に展開した時に装着されていた銀色のポッドはなんでしょう？

中野：トラベルポッドといいます。他基地に展開する時にドラグ・シュートやパイロット装具、機体安全ガードなどを搭載します。

トラベルポッドはどのように作られたのでしょうか？

中野：F-104Jの増槽を転用して、内部の配管の撤去を行うとともに、左側にアクセスドアの取付などの改造を施しています。

運用終了後、トラベルポッドはどうなるのでしょう？

中野：現在のところ、廃棄処分予定です。

[1] -：MAKI@zzw30maki,小牧基地,20191109

#431 is the first F-4EJ kai refurbished from F-4EJ

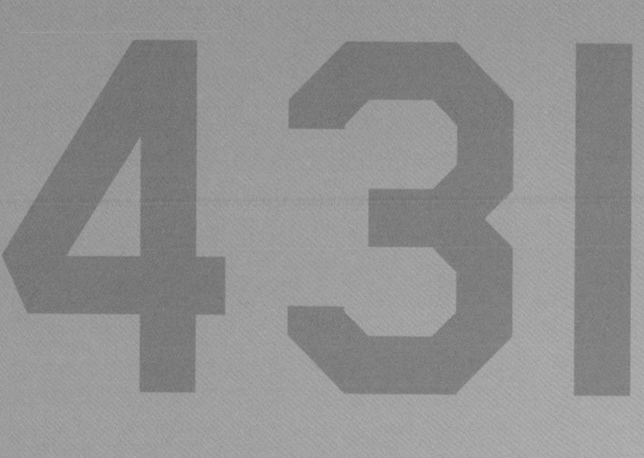

TWO First

#301 is the first F-4EJ deployed to Japan Air Self-Defense Force

301

301号機の違うところ

1971年にファントムⅡが導入された頃は、F-4EJでしたが、改修を受けてF-4EJ改になりました。しかし、飛行開発実験団に所属するファントムⅡの多くは301号機も含め、F-4EJのままです。F-4EJとF-4EJ改の違いを見てみましょう。

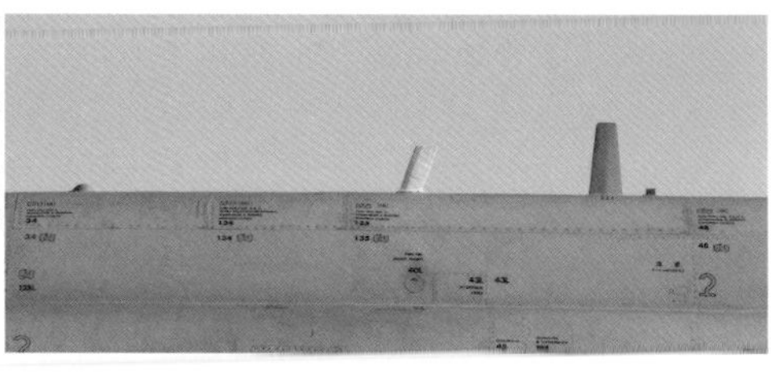
F-4EJの胴体上部のアンテナは小さいものでした。飛行開発実験団に所属するF-4EJではEJ改と同様のアンテナに改修を受けています

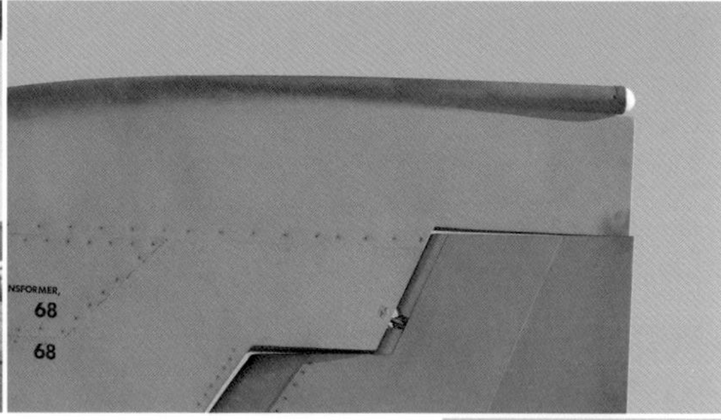

機首のレドームは内部のレーダーが新型になり、表面の塗装が変わっています。また、F-4EJ改にはライトニングアレスター（Lightning Arrester：避雷器）が追加されています

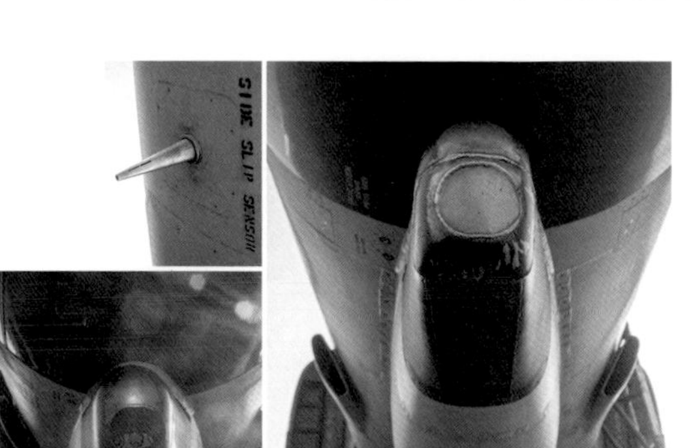
301号機は飛行性能試験のために、通常、20mm機関砲が搭載されているガンベイに、横滑りを検知するためのセンサーが搭載されています。これに伴い、機関砲口やガンベイドアのエアアウトレットが溶接によって閉じられています

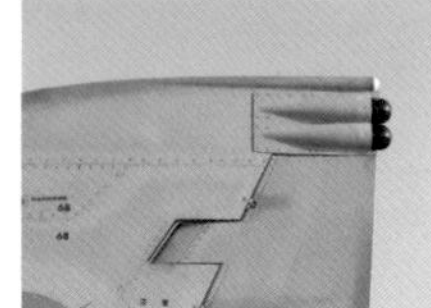
F-4EJ改には垂直尾翼上端にレーダー警戒装置のレーダー受信部が追加されています

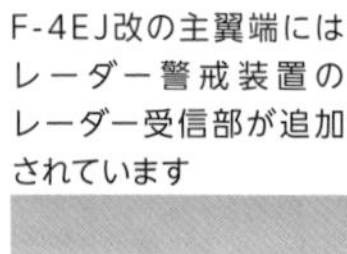
F-4EJ改の主翼端にはレーダー警戒装置のレーダー受信部が追加されています

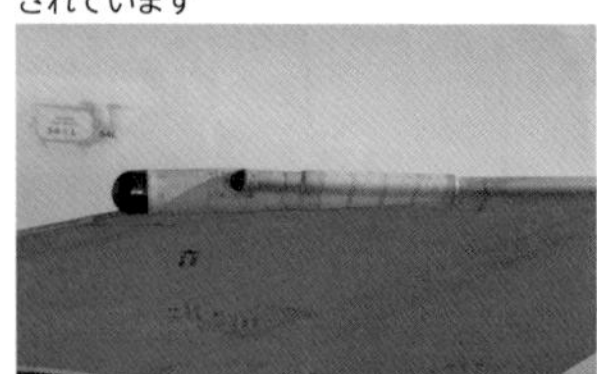

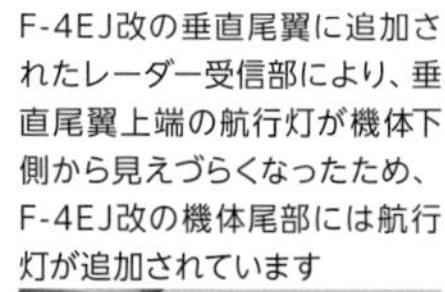
F-4EJ改の垂直尾翼に追加されたレーダー受信部により、垂直尾翼上端の航行灯が機体下側から見えづらくなったため、F-4EJ改の機体尾部には航行灯が追加されています

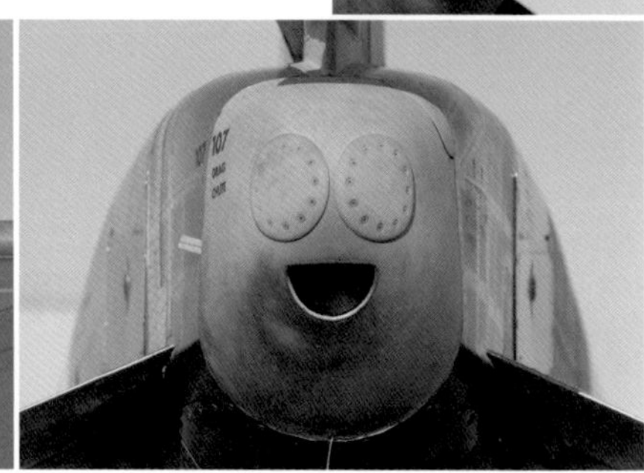

301号機のコクピット

301号機は、F-4EJ改への改修を受けていないので、航空自衛隊導入当初のF-4EJのままのコクピットになっています。

301号機の最大の特徴は、アメリカのマクドネル・ダグラスによって生産された機体であることです。コクピットに貼られたプレートも、マクドネルの製造番号が書かれたものになっています

First and Last

Phantom !!

2021年3月17日午前7時に、岐阜基地正門前に取材陣が集合しました。数日前から岐阜基地に入っていた専門誌の取材チームも多く「ついに、この日が…」という、不思議な一体感がそこにはありました。受付を済ませてバスに乗り込み、飛行開発実験団のエプロンへと向かいます。

最後のフライトへ エンジンが始動

岐阜基地の正門や基地の管理部門は滑走路の南側にありますが、飛行開発実験団の隊舎や格納庫などの飛行機運用に関連する施設は北側にあるので、滑走路をぐるりと回ってエプロンへと降り立ちます。

F-4EJの301号機と336号機、F-4EJ改の431号機の3機のファントムⅡが、いつもどおりエプロンに斜めに停められて飛行前の整備が進められています。8時25分に6人のパイロットが機体へと歩み寄り、機体の確認が始まりました。10分ほどでKM-3のジェットエンジンに火が入り、鋭い金属音が響き渡ります。3台の起動車に搭載されたジェットエンジンの音が大きくなるとともに、3機のファントムⅡに搭載された6つのJ79-IHI-17Aターボジェットエンジンが鼓膜を揺さぶるような低い音を立てます。建物に反響したエンジン音が風向きの変化とともに揺らぎ、全身が爆音に包まれたような錯覚に陥ります。

9時35分、整備員が機体の左側に並びパイロットに手を振ると、301号機から誘導路を東へとタクシーをはじめ、駐機していたC-1の向こうに隠れて見えなくなりました。

17-8301
ADTW

ラストチャンスで整備員に見送られた、301号機と336号機が滑走路上に並び、431号機が続きます。

約30分のラストフライト

「ゴオッ、ゴオッ」と、左右のターボジェットエンジンをそれぞれ短く吹かしてチェックを行うと9時ちょうど。ついに、F-4EJ/EJ改が最後の空へと駆け出します。F-4EJの2機が翼を揃えて真っ直ぐと高度を上げていき、F-4EJ改もそれにつづいて蒼天へと吸い込まれていくように小さくなっていきました。

10分後、東に姿を現した301号機は滑走路に向けて高度を下げ、再び高度を上げて右へとロールして基地の北をぐるりと回っていきます。3機のファントムが、同じように3度ずつ滑走路上を通り過ぎて右へロールしていく姿を追って体を捻ると、エプロンに面して建つ飛行開発実験団に関連した施設の屋上、窓、屋外階段にはカメラや双眼鏡を手にした隊員の方々の姿が。多くの人が立ち会う中、9時20分に301号機を頂点に置いたデルタ編隊、続いてエンシュロンで最後の航過を行ったのち、左へとブレイクして着陸パターンに入りました。

Event & Ceremony { F-4EJ/F-4EJ改運用終了式典

9時30分、301号機がタイアスモークを上げて着陸、続いて336号機、431号機が赤と白のドラッグシュートを広げて滑走路の西端へと滑走していきます。

JP-4の香りが消え去り、笑顔に包まれたエプロン

2台の消防車がつくる放水アーチを最初にくぐったのは336号機。431号機が続き、日本到着当時と同じカラースキームをまとった301号機が水しぶきをうけてキラキラと輝きます。

301号機は誘導路と並行にタクシーを続けてから機首を左に振り、隊舎の正面で停止します。右手に431号機、左手に336号機、中央の301号機に囲まれて立つF-4整備担当分隊長が振り下ろす手に合わせて、航空自衛隊で最後まで運用された3機のファントムⅡのエンジンが止まりました。

機体にラダーが掛けられパイロットがコクピットを降りるとともに、整備員が整備用ラダーに上がり機首に寄り添います。整備員の手によってかけらた御神酒がノーズコーンをつたって風に舞い、ジェット燃料の匂いを追いやってエプロンは爽やかな香りに包まれました。

Event & Ceremony {F-4EJ/F-4EJ改運用終了式典

ラストフライトに携わった整備員の帽子が青空に舞い、弾けるシャンパンの泡とともに航空自衛隊でのファントムⅡの運用は幕を閉じました。

岐阜のファントムたちの行く末

飛行開発実験団に所属していたファントムⅡは、429号機が築城基地で展示されることになっています（他の機体は未定とのこと）。

できるだけ多くの機体が多くの場所に残されることを願っています。そして、各地に残ることになったファントムⅡに会いに行きたいと思っています。

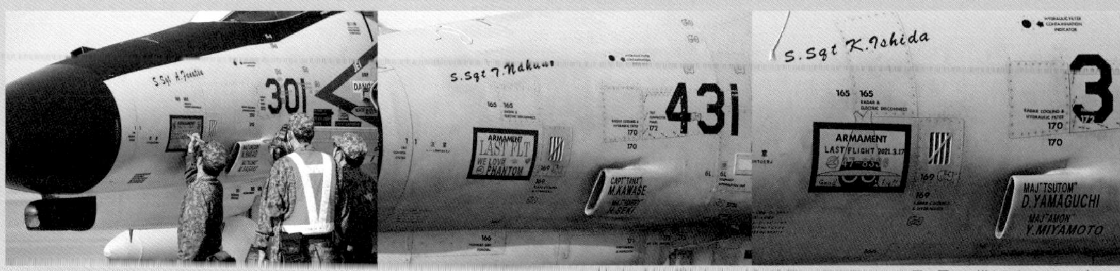

ラストフライトに際してアーマメント欄に、整備員によって思い思いに描かれたりし [illegible]
エアインテークには、ラストフライトを担当したパイロットの名前が入れられています

ラストチャンスで整備員によって掲げられた、手作りのプラカード。画像は16日のパイロットのラストフライトのもの

回収されたラストフライト3機のドラッグシュート。この赤と白のドラッグシュートも最後の任務となりました

本日をもって飛実団におけるF-4の運用を終了することとなります。この節目に当たり、団司令として一言申し上げたいと思います。F-4は昭和46年7月に航空自衛隊に導入され、飛実団のほか、戦闘航空団と偵察航空隊に配備されてきました。そして、これまでの間、日本の空を守る要として運用され、令和2年3月をもって偵察航空隊における運用を終了し、同年12月をもって最後のF-4飛行隊での運用を終了しました。

この度、ここ飛実団に於いて、航空自衛隊における最後の役割を終えることとなります。我々、研究開発組織とF-4との関係は、航空自衛隊への導入当初から始まりました。昭和46年7月に、米国から到着した1、2号機に対し、当時の実験航空隊に於いて翌8月からF-4EJ試験隊を編成し、小牧における実用試験を開始したことを皮切りとします。翌年の47年には百里基地に移動して実用試験及び運用試験協力、XAAM-2技術試験、標的曳航装置実用性確認試験を行ったと聞いています。

F-4は、導入されてからしばらくの間は、我々の試験対象、そのものでした。昭和49年3月には岐阜基地の滑走路補修工事が完了し、これ以降、岐阜基地でのF-4の運用が始まりました。この運用開始直後の4月には、当時の実験航空隊が廃止となり、航空実験団が新編され、これ以降、F-4の飛行特性調査やXASM-1/XASM-2、127mm空対地ロケット、爆弾用誘導装置XGCS-1、F-4EJ能力向上に関する実用試験などを行うほか、AIM-9L適合試験、AIM-9L発射試験など数多くの試験に従事をしてきました。平成元年3月には航空実験団が廃止され、現在の飛行開発実験団が新編された以降もF-4はミサイルや搭載機材の試験母機として飛行するほか、他の航空機が試験を行う際の随伴や支援などでも飛行しました。さらには試験飛行操縦士の教育訓練にも使用するほか、近年は集じん飛行を担うなど、まさにオールマイティな活躍をしてくれたものと思います。

他方で、現場のパイロットや整備員からは現有する他の航空機とは異なり癖のある飛行特性と手間のかかる整備性を持った機体であり、操縦と整備を中心に、より職人の技を求められる機体だったと聞いています。それ故、これまでにパイロットと整備員を中心とする数多くの隊員たちを大いに鍛えてくれた存在でもあり隊員たちの血と汗と涙が染み込んだ機体であると、私には思えてなりません。

これら、様々ことを振り返って総括すると、諸先輩方を含めた我々にとってのF-4とは、第一に日本の空の守りを担えるまでに我々が育て上げた航空機であり、第二に時代ごとに必要とされる航空装備品等の装備化に直接携わることで日本の空を技術で守るという我々の任務遂行に多大な貢献をしてくれた航空機であり、もって我々隊員たちを育て鍛え続けてくれた航空機であると言えます。誠持って多大な役割を果たしてくれたという感慨に絶えません。

そのため、本日まで無事にF-4が飛び終えることができたことを全員で喜ぶとともに、本日まで愛情を持ってF-4を取り扱ってきてくれた各隊員たちに対して私からは心からの感謝を申し上げたいと思います。

その一方で、我々がF-4を今日まで運用することができた要因には、我々の努力だけではなしえないものがありました。我々以外の多くの人に理解や協力があったことを決して忘れてはなりません。地元、各務原市を中心とする近隣の住民の皆様のご理解をいただいたことで、この岐阜基地で運用することができたのであり、その際には岐阜基地の協力がありました。また、航空幕僚監部、航空開発実験集団、補給本部、航空総隊等や基地所在部隊といった、様々な組織からの支援やそれらとの間との連携が不可欠であったほか、関係する企業からの協力をいただいたことで、我々はここまで無事にF-4を運用することができたものと考えています。そのため、地域住民の皆様と、関係する省内の各組織や岐阜基地、及び企業の皆様、それぞれに対する感謝の気持ちを全員で新たにする場にしたいと思います。

本日を持ってF-4は全機用途廃止となり今後は一部の機体のみが部外の施設などにおいて展示用に活用されると聞いております。どうかこれからもその勇姿を静かに国民と後輩隊員たちに見せ続けて欲しいと思います。

最後になりますが、実験航空隊、航空実験団、飛行開発実験団の3代の組織を通じたF-4と我々との関わりが今年で通算50年となります。この半世紀という長きにわたり、組織に多大な貢献をしてくれたF-4に対し、皆を代表して心からの感謝を申し上げて、私からの式辞とします。

F-4よ、ありがとう。本当にお疲れ様でした。

飛行開発実験団司令 空将補 増田 友晴

1

4

2

5

3

6

[1]飛実の一員：ih168@ih1681,岐阜基地,20191106/[2]ブレイク！：野菜嫌い@syasinyorosiku,岐阜基地,20161030/[3]目の前に来た：@アラタ31@piz316627,岐阜基地,20191110/[4]私が見た空を舞うファントムの最後の姿：おひやん@ohiyaphotograph,岐阜基地,20210209/[5]Overhead Approach：うるのり@urunori305,岐阜基地,20201214/[6]ラストフライト：ふにゃふにゃ@hunyahunya_502,岐阜基地,20210317

投稿者に了承を得た上で、画像の加工・トリミングしています

7

8

9

10 11

12 13

[7]国宝級戦闘機：ih168@ih1681,国宝犬山城,20210107/[8]みんなに見守られて：Wing（トリー）@Tori_24y,岐阜基地,20210315/[9]初冬の空に：とっつぁん@tottuan1110,岐阜基地,202012-/[10]老兵は死なず、ただ消え去るのみ：浅葱@hisshi_b7a,岐阜基地,20210317/[11]最後の航空祭予行：疾風@hayate_ki84,岐阜基地,20191031/[12]僕の青春：チョコ@chokonano1125,岐阜基地,202001-/[13]最後の桜：林 友和@thjyobanni,岐阜基地,20200406

14

15

19

20

21

22

16

17

18

[14]**ANNIVERSARY FLIGHT：航薫**@koukun_T1j8n,小牧基地,20180303/[15]**デジカモファントム：チャチャ**@chacha73199,小牧基地,20180303/[16]**継承：かき揚げ饂飩**@shiitakemeshika,岐阜基地,20171118/[17]**-：M Crew**@alpscrew,-,-/[18]**ブラックファントム：髪刈虫（かみきりむし）**@kamikirimushi_,名古屋空港,20160315/[19]**無題：向井　良和**@-,岐阜基地,20210117/[20]**人生最後のファントム：きつねゆうき**@kitune_yuki02,百里基地,20210205/[21]**アイレベル：Naoki_O**@naoki_o_0557,岐阜基地,20210304/[22]**無題：向井　良和**@-,岐阜基地,20210117

投稿者に了承を得た上で、画像の加工・トリミングしています

[23]永遠の301：まっつ@Matz_matsuyama,岐阜基地,20210224/[24]亡霊：木曽路@Kiso_el20809,岐阜基地,20210317/[25]ファントムよ！君の事を忘れないよ！ありがとう！：コンコン@09kon_kon,岐阜基地,20210311/[26]亡霊：篠原利和@JA10SK,岐阜基地,20201222/[27]ラストフライト：さめちゃん@sameshima0516z,岐阜基地,20210317/[28]Thank You：もぐら@M0GURA_,岐阜基地,20210212/[29]-：M Crew@alpscrew,-,-/[30]黒雲Phantom：回鍋肉@oryoji,岐阜基地,20210216/[31]さようなら、ありがとね：ゆくちま@Kon_3510,岐阜基地,20210216/[32]Phantomforever：エルム@GAT009374504,岐阜基地,20210216

[33]ファントムの卒業式、最後の花道：ろっく番のりば@6ban_noriba,岐阜基地,20210317/[34]Phantom last landing：高梨惇也@jp7emu,岐阜基地,20210317/[35]-：みたらし@nm_uw_uw,岐阜基地,20191110/[36]ありがとうファントム：JE6SDW@JE6SDW,築城基地,20210315/[37]航空祭の終わり：けんけん@kinkin77777,小牧基地,20191109/[38]プロフェッショナル達：ぴで@FlexaTz,2016-

投稿者に了承を得た上で、画像の加工・トリミングしています

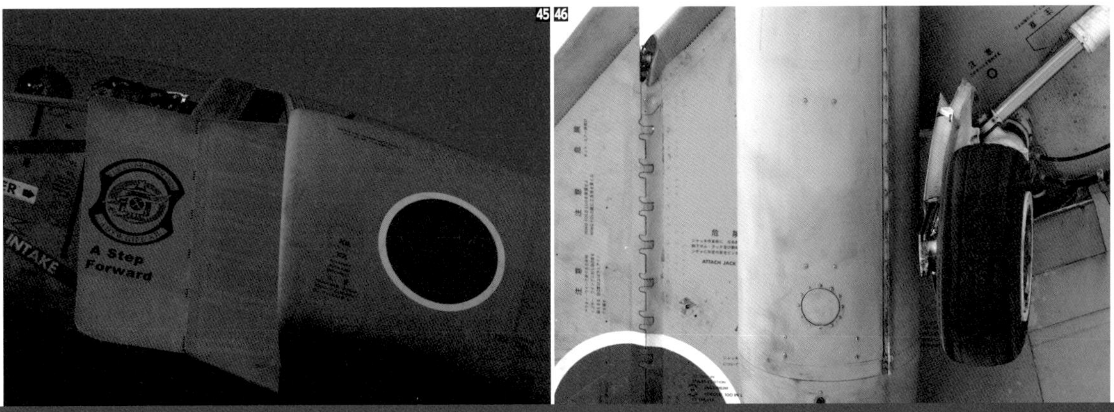

[39]娘と見る最後のPhantom：歩惟(あい)@4s0q4,生命の森,20210317/[40]ラストフライト：ふにゃふにゃ@hunyahunya_502,岐阜基地,20210317/[41]人の翼：SHO@love_AirRescue,岐阜基地,20191110/[42]またね：momo@momo aky,百里基地,20200316/[43]good bye phantom!!：shirako@shirako32683881,岐阜基地,20210317/[44]岐阜のファントム：けいちゃん@keigo224jp,岐阜基地,20191110/[45]スプーク長い間日の丸背負ってくれてありがとう：すえちゃん@gongchan618,岐阜基地,20210303/[46]ギアダウン：Mumbo_Ghost@Mumbo_Ghost,岐阜基地,20210301

[47]一度っきりの編隊飛行：i-vory93@TOURER93,岐阜基地,20080527/[48]F-4EJ初号機&F-15J初号機：yuuta9511@yuuta9511,岐阜基地,20201119/[49]フォトミッション：けんけん@kinkin77777,岐阜基地,20201214/[50]一緒に帰宅：MAKI@zzw30maki,岐阜基地,20210129/[51]同じ刻を羽ばたいて：@AKEBOVO@-,岐阜基地,20200127/[52]レッドとグレイ：津川 大@hebikubo,岐阜基地,20210106/[53]エマージェンシー訓練：kouki@kuroaru150,岐阜基地,20210315/[54]Last Emer Landing Training：Leadsolo@F_4EJ_F_15DJ,岐阜基地,20210315

[55]追いかけすぎて…：けんけん@kinkin77777,岐阜基地,20191110/[56]最期まで：名無しの政治将校@bandainokairai1,岐阜基地,20210315/[57]金色に輝く：急行鷲羽ちゃん@nakatai_minbu,岐阜基地,20200303/[58]SILHOUETTE Phantom：回鍋肉@oryoji,犬山橋,20210106/[59]また会う日まで！：はまたか@akitobay,岐阜基地,20210224/[60]闇夜に潜む亡霊：きょう@btb_bump,岐阜基地,-/[61]飛翔：ぴで@FlexaTz,岐阜基地,2019-/[62]時間よ止まれ!!：シグナス@cygnus855,岐阜基地,20201006

ファントムⅡのたおやかな曲面を彩る特別塗装と表面を流れていく空気。切り絵という、繊細な表現が困難な素材にもかかわらず、ファントムⅡの魅力を再発見させてくれるような作品を作られているのは名古屋在住の**たにくままん** [@zinmami18] さん。

黒い紙を切り出して描かれるアウトラインはうねり、機体の丸みや陰影を感じさせるようです。

縁あって、実機を前に409号機の作品を飛行開発実験団に差し上げることになった、たにくままんさん

投稿者に了承を得た上で、画像の加工・トリミングしています

THANK YOU PHANTOM II
~2020

30. Nov 2019 Hyakuri Air Base
F-4EJ Kai PHANTOM II
301ST TACTICAL FIGHTER SQ

HYAKURI AIR BASE 302nd TACTICAL FIGHTER SQ F-4EJ改 PHANTOM II

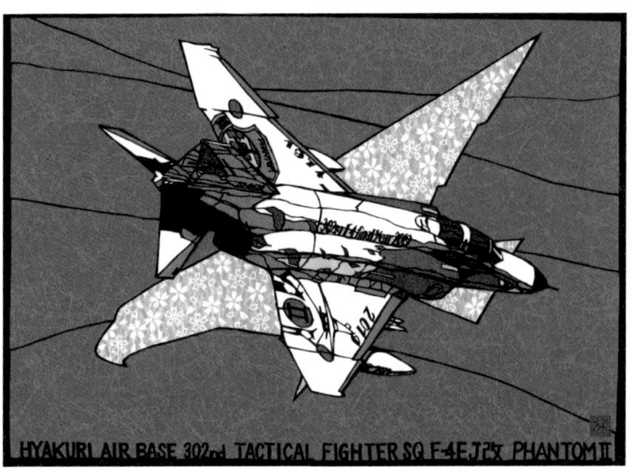
HYAKURI AIR BASE 302nd TACTICAL FIGHTER SQ F-4EJ改 PHANTOM II

RF-4E PHANTOM II JASDF 501ST TACTICAL RECONNAISSANCE SQ
麻

阿吽のオジロワシ

Artwork by : たちばな
Twitter : @tachibana00

古つわものF-4を、太刀を佩く武人のイメージで擬人化しました。太刀の鞘はシャークティース、影はスプークと、F-4のモチーフを小物に盛り込んでいます。

100均アイテム魔改造！

Artwork by : 空士長ごんぞ
Twitter : @edogawa_airbase

ノーマルのまま使うのはつまらないので、ファントムグレーな商品を見つけては自作でデカールを作成し、スペシャル仕様に(改)しています。

ファントムおじいちゃんぶらり旅
エアパーク浜松広報館編

Artwork by : ギリヤク
Twitter : @giriyaku

にしにし先生の漫画の一コマの再現、ファントムおじいちゃんとライトニングくんと浜松エアパークでの遠足の様子です。

投稿者に了承を得た上で、画像の加工・トリミングしています

世界を駆け抜け、さらに高みへ／音速のウッドペッカー

Artwork by : 常盤仙渓
Twitter : @IBARAKIhyakuri

生まれた時から百里基地、そして地元の空で見てきたF-4。自分が一番好きだった機体でした。あの轟音と大きな機体、そして多くの人に愛されて去った彼らの姿を一生忘れないでしょう。

Phantom Forever

Artwork by : 空士長 ごんぞ
Twitter : @edogawa_airbase

遅れて来たファン(泣)。このスペマでファントムを知りました。遅すぎた。。。いや、間に合って良かった！と思うべきですね。ありがとう、ファントム!!

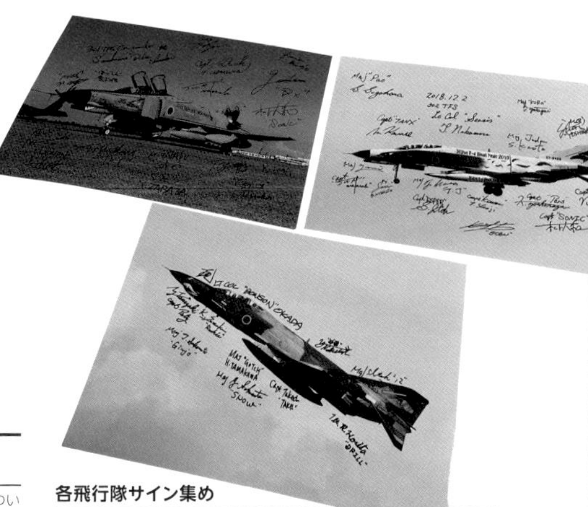

各飛行隊サイン集め

Artwork by : 正 夫
Twitter : @RF4sk

2018年・2019年と2回百里航空祭にて一日中各飛行隊のパイロット(ナビゲーター)を見つけてはサインを頂いていました。

F-4 目覚まし時計　改！

Artwork by : 庄司美和子
Twitter : @-

家にあった目覚まし時計がいい具合のグレーなので、ついついデカールを自作し、ファントム仕様に改造してしまいました。

梅組27-8305

Artwork by : 堀口隼
Twitter : @s_jsb24k

ファントムを描いてみて曲線が多く難しかったです。ただそこが美しいので長い間愛された1つの要因なのかなと思いました。

321 ブレイク

Artwork by : フランカーD
Twitter : @Su_33FlankerD

今、現役のファントムはイランとトルコとギリシャと韓国だけですね。飛んでいる内に見に行きたいですね

ファントムおじいちゃんの誕生祝い

Artwork by : にゃす(ΦωΦ)
Twitter : @nyasufuji

「にしにし」さんの描き下ろしで誕生日ケーキのメッセージイラストを作って貰いました

Last Phantom #315 & #436 Livery

Artwork by : りら
Twitter : @J_HTD

航空自衛隊最後のF-4EJ改ファントムⅡ、スペシャルマーキングの315号機と436号機を、GRAN TURISMO Sportのリバリーエディターで再現しました。315号機はシルバー&イエローに、436号機はシルバー&メタリックブルーに仕上げました。

青いスペマのファントム

Artwork by : KEITA507
Twitter : @-

親子でファントムの大ファンです。残念ながらラストフライトを見ることはできませんでしたが、ファンブックの写真を見て息子が幼稚園の制作で436号機を描いてきました。

オジロLASTに想いを込めて

Artwork by : Nicoまる
Twitter : @manao_ulu_wale

手刺繍、トートバッグも自作です。オンリーワンのバッグです。生地はオリーブ色の帆布を使用しました。

白スプーク、黒スプーク

Artwork by : ぺ～
Twitter : @peee0218

ファントムの隠れスプークを見つけてから作りたくなりました。白スプークと黒スプーク君です

Art works on the theme of Phantom II

茨城空港のフロントレディ

Artwork by : 庄司美和子
Twitter : @-

初めて間近て見たファントムです。正面からのショットが一番好きです！

2人のオリジナルストラップ

Artwork by : SHO904
Twitter : @-

ファントムが大好きな息子2人(4歳、2歳)のためにオリジナルのストラップを作りました。お兄ちゃんはウッドペッカーの501SQ、弟はカエルの301SQがお気に入りです。

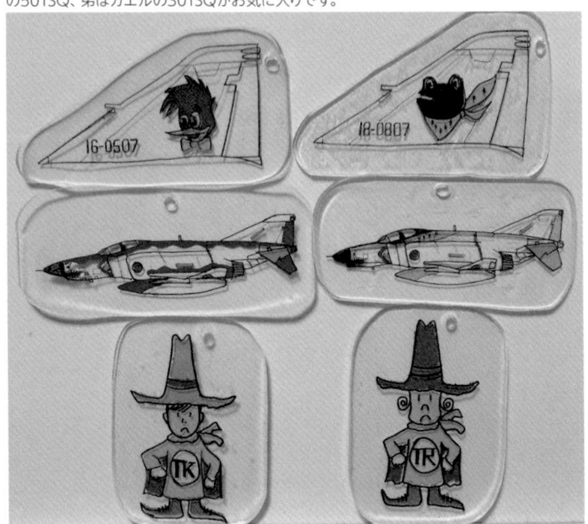

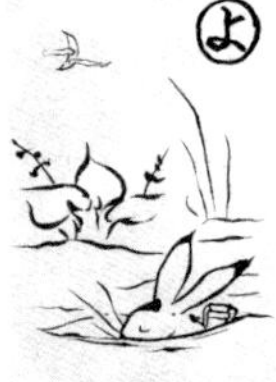

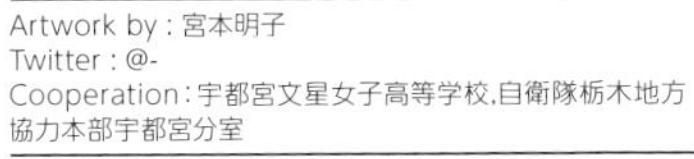

Artwork by：宮本明子
Twitter：@-
Cooperation：宇都宮文星女子高等学校,自衛隊栃木地方協力本部宇都宮分室

ファントムがファイナルイヤーを迎えるにあたり、空幕の公式よりファントムの紙飛行機をダウンロードし、段ボールで生徒3人が作成しました。美術部展と外部の展覧会に参加して発表、制作の様子もスライドショーで発表させていただきました。作成にあたりましては地本の空自（元百里基地ファントム整備士）が広報官として地本の宇都宮分室に勤務しているため、1・2回指導に来てくださいました。

カルタは、生徒と一緒に「自衛隊あるある」をテーマに札を描きました。

生徒たちが百里基地を見学した様子を、『semeru』というタイトルを付けたリーフレットにまとめました。

航空祭楽しかったね

Artwork by：田中 葵
Twitter：@chibiaoi0524

ファントムに出会うまで、まさか百里へ年に何回も行きたいと思う日が来るとは思ってもいなかったです。半世紀にもわたるファントムの運用に携わった全ての方々、本当にお疲れさまでした。そして、ありがとうございました。

松島基地航空祭2019

Artwork by：田中 葵
Twitter：@chibiaoi0524

日の丸より大きくカエルが描かれた315号機、最高でした！沢山、かっこいい姿を見せてくれてありがとうございました！

PHANTOM FOREVER

Built by : ひでひで
Twitter : @fex8IH6DsqJVBgE
Kit : トミーテック、プラッツ 1/144

PHANTOM FOREVER

Built by : 山野宏樹
Twitter : @lucaluca0430
Kit : トミーテック、エフトイズ 1/144

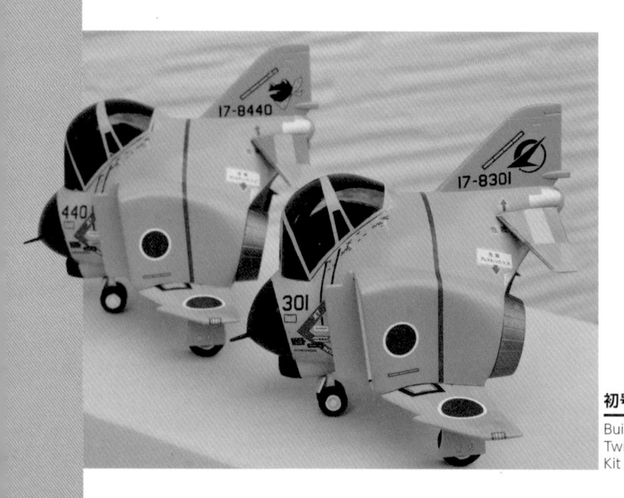

初号機&最終号機

Built by : CASTLE41
Twitter : @NRT0324
Kit : ハセガワたまごヒコーキF-4

440とたまごF-4スペマ達

Built by : nikuya13
Twitter : @nikuya13
Kit : ハセガワたまごヒコーキF-4

F4EJ改 ファイナルイヤー2020 #315

Built by : エビダネル
Twitter : @-
Kit : ハセガワ1/48

Kongo1975ゆかな

Built by : TOSHIT
Twitter : @1911devgru
Kit : -

最後の思い出

Built by : なおゆきん改
Twitter : @naoaz1
Kit : 技MIX 1/144

F-4EJ改　302SQ 2000　戦競 タマゴラストオジロ ケロロ2等空曹

Built by : 栃本義貴
Twitter : @yoshi1105jp
Kit : ハセガワ、プラッツ 1/72
たまごひこーき

F-4EJファントムII ADTW 40thアニバーサリー

Built by : 0948
Twitter : @oku_shin
Kit：ハセガワ 1/72

F-4EJ ファントムII 航空自衛隊 60周年記

Built by : 0948
Twitter : @oku_shin
Kit：ハセガワ 1/72

思い出の「青」

Built by : かとそ@ひまわ
Twitter : @katoso_plus
Kit：ハセガワ 1/72

アラートファントム

Built by : yoyosiki
Twitter : @yoyosik_huyou
Kit：ファインモールド 1/72

F-4ファントム356号機は永遠に(´；ω；

Built by : TAKEO0809
Twitter : @takeofujioka
Kit：エフトイズ 1/72、チビスケ

F-4EJ改ファイナル

Built by : OSSAN工房
Twitter : @ossan_atelier
Kit：ファインモールド 1/72

Ojirowashi Phantom Sunset

Built by : BKR
Twitter : @nite103
Kit：プラッツ 1/144

We love ハセガワ!

Built by : しばやん
Twitter : @hyperducati
Kit : ハセガワ 1/48

RF-4E "501sq Final year 2020"

Built by : Kuranny
Twitter : @Kuranny3
Kit：ハセガワ 1/48

バットディパーチャー

by : KNO
ter : @-
エフトイズ チビスケ

飛行開発実験団 F-4運用終了記念機

Built by : ねこすけ
Twitter : @shrike01
Kit : プラッツ 1/144

なら501SQ

by : chryse
ter : @chryse0527
ハセガワ 1/72

F-4EJ 主翼折り畳み 集塵ポッドver

Built by : masa
Twitter : @uAwp8sa1ZDUTeUu
Kit : ハセガワ 1/72

ファントムフォーエバー

Built by : Gab
Twitter : @gab147
Kit : ハセガワたまご

by : T2@GDB
ter : @SEREN_GD
ハセガワ 1/72

SQ ファイナルファントム

by : 大畑　聡
ter : @o-hata
造形村ボークス 1/48

F-4 EJ改
Phantom Forever 2020
百里基地 07-8436 301Sqn

●0948@oku_shin：他ジャンルが好きだったけど、まさかこんなにファントムのキットを作るようになるとは。百里で見たタッチ&ゴーが忘れられません。● YAS-3@bbseki：ファントムとは同じ年だけど、あなたは先にゆっくり翼を休めたのですね。お疲れ様。基地から遠く離れたこの地でも災害偵察や、訓練でRFはやってきてくれました。鮫口を描いた勇ましいその姿で航空祭で私を魅了したことは決して忘れません。ありがとうRF！ありがとうファントム！ ●@ア ラ タ31@piz316627：いっぱい感動出来た！いっぱい友達出来た！いっぱいおいしい物を知った！いっぱい飛行機について学んだ！いっぱい日本を守ってくれてありがとうございました！ ●@全マシ……アレ@hiruandon4535：離陸時のバーナー音が好きでした……もう二度と聴けなくなると…… ●○○マル@Dekamaru__hiro：見上げると、そこにファントム！今までありがとうございました。 ●A-S-U-K-A@hikoukizuki30：こうやって自分たちが平和に生きていられるのも、ファントムのような戦闘機、そして隊員の皆さんのおかげなんだなと思います。現在は既に退役してしまいましたが、僕たちの心の中では今でも元気に飛び続けています。「お疲れ様」そして「ありがとう」Phantom forever!!! ●AISI 4340@takuya51115：初めて見た戦闘機がファントム。新田原航空祭で度肝を抜かれ、関東に来てからは百里に通い、写真という趣味をくれた、多くの仲間をくれた。誰がなんと言おうと最高にカッコいいファントム。お疲れ様でした。そしてありがとう。 ●aya01@長野県特地派遣隊：1982年に築城基地で初めて見てから39年間夢を与えてくれて有り難う御座いました。そしてお疲れ様でした。 ●bit w/stayhome@_b_i_t_：無事是名馬、と良く言われますが、その無事を守り続けたファントム関係者様には、頭が上がりません…人生万事塞翁馬とも、申します。これからのファントム関係者様のご多幸を祈念します♪Good Luck!! ●CASTLE 41@NRT0324：岐阜LCLやMHIのテスト等で我が家の上を通過していくファントム。会社から帰宅して子供が「今日ファントム飛んでたよ!!」と言ってくるのが密かな楽しみでした。技術や知識以外にも「人との繋がり、思いやり」など色々教えてもらいました。沢山の思い出ありがとうございました。 ●COMBAT@CCvw5：あの勇姿は永遠に頭から離れないでしょう。 ●F-4EJ/EJ改・RF-4E/EJ PhantomⅡ【ファントムⅡ】Ryota 。@reel0_ryota：そのフォルムに引かれある時はファントムを見るためだけにママチャリで片道5時間という無謀な旅に出たり、百里のPhantomⅡが引退した後岐阜に行きたいと言っていたけれど結局最後ラストフライトの3日前からしかPhantomⅡを撮る事は出来なかった。けれど…その地で沢山の人沢山の思い出が作れた。これも全てファントムⅡ、君のおかげ…長い間日本の空を守り続けてくれてありがとう。ゆっくりその翼を休めてください。 ●F-4EJ改 phantom Ⅱ@uni_mafu_mafu__：ファントムのおかげで航空自衛隊に興味がわき、今一番伝えたいのは、僕が生まれる前から日本の空を守ってくれてありがとうとお疲れ様を伝えたいです。 ●FG labo No.9@Rei_Fukai_Lt：気付いたときには飛んでいて、アプローチで旋回中のパイロットに手を降っていた。気づくわけ無いと子供心に分かっていたけど、ある時手を振ってくれた。目が合ったと感じました。忘れません。 ●FG labo No.9@Rei_Fukai_Lt：気付いたときには飛んでいて、アプローチで旋回中のパイロットに手を降っていた。気づくわけ無いと子供心に分かっていたけど、ある時手を振ってくれた。目が合ったと感じました。忘れません。 ●FG labo No.9@Rei_Fukai_Lt：気付いたときには飛んでいて、アプローチで旋回中のパイロットに手を降っていた。気づくわけ無いと子供心に分かっていたけど、ある時手を振ってくれた。目が合ったと感じました。忘れません。 ●GN125E@ViperZero_FDA：ファントム、語り尽くせないほど大好きです。50年の永きにわたり、日本の空を守ってくれてありがとう！いつまでも大好きです ●GN125E@ViperZero_FDA：いつまでも大好きです！50年の永きにわたり、日本の空を守ってくれてありがとう 心の中で永遠に飛び続けます ●hak@hak82749434：最も好きな飛行機5つの内の1つでした。中でも1番。半世紀の長きに亘り日本を守ってくれて、有り難う。Pharewell Phantom! Phantom Phorever!!! ●Haruka・Natsu@Haruka_Natsu：学生時代に漫画で知り、就職してから知り合った人が百里基地の地元の人で、その縁で航空祭に行くようになり、本物のファントムを見る事が叶いました。永きに渡り日本の空を護って下さって、本当にありがとうございます。 ●HM31A@Hm31aA：半世紀に渡り日本の空の守護神であったその雄姿、同じ時代に生き最後のJ79サウンドを堪能出来たのは生涯の思い出です！ ●JAPAN EAGLE@JAPANEAGLE：日本の空を長きにわたって守ってきたその翼に敬意を。ありがとう。 ●KENTA@ke17n17ta：ありがとう。そして、大好きだー！ ●komori@プラモデルを1/1で作る会：40年程前に岐阜で見て以来、その姿と迫力に魅了されました。日本の空を護りきり、最後の一機が岐阜に降りたのを見ても、まだ日本のどこかで飛び続ける様な気がしてなりません。歴代パイロットの皆様、運用に携わった皆様、そして全てのF-4EJ、長年に渡り、お疲れ様でした。 ●KONGO1975ゆかな(1911devgru)@devgru_m21sws：初めて見たのは、保育園でした。百里基地の遠足、親父と保育園帰りに見た03機りRF-4 ありがとう茨城に来てくれて、ラストが茨城で ●Legacy@Legacy59182708：機体の寿命ギリギリまでお疲れ様でした。運用に携わった方々も、かなりの苦労をなさったことかと思います。これからそれぞれの未来があるかとは思いますが、ご健勝とご多幸をお祈り申し上げます。 ●M Crew@ to the next ERA：自分が子供のころから、今まで日本の空を守ってくれてありがとう！災害時にも状況確認で飛んでる姿を見て、勇気づけられた方も多いと聞きます。もっと飛んでほしかったけど、お前が定年になるのに、俺はまだ仕事せにゃあかんのか？って言われてもいけないなぁ。ありがとうF-4 ●MACH8@tob7878：初めて行った入間航空祭で見た梅組ファントムの展示飛行からファンでした。エンジン音からスタイルまでかっこいい。長い任務お疲れ様でした。 ●mana@mana07624918：子供の頃、家の上を飛んでいたのがファントムでした。今の飛行機好きのわたしの原点です。大好きでした。長い間、日本の空を守ってくれてありがとうございました。 ●Moha188@Moha188_40：入間航空祭で見たのが最初で最後、早く、煩く、そしてかっこよく、あの躍動は忘れられません。 ●nike-11@fieldimc：軍用機という立場ながら、世界中にファンがいて長く好かれた飛行機は、これからはそうそう現れないと思います。日本の空でもありがとう。 ●nomalblue@nomalblue：記録にも記憶にも残った日本のファントム。長い間ありがとう、そしてお疲れ様でした。 ●Norick@も～中：気が付けばその姿に魅せられて、必死に追っていた 逢えなくなったのは寂しいけど、たくさんの思い出を残してくれた あの日々は忘れない 本当にありがとう ●Phantom-love@hunter41691：ファントムは私にとって、かけがえのない機体でした。その勇姿は忘れません。整備関係・操縦士・管制官の方達に感謝します。 ●Phantom2-680@680Phantom2：お疲れ様でした。そしてありがとうございました。（土下座） ●phantom301@phantom301tfs：自分にとっての日本の戦闘機はファントムでした。グラマラスなボディで爆音を響かせながら飛ぶ姿は勇気を与えてくれました。長年の任務お疲れ様でした。そして、ありがとう。 ●Randolph Carter@RandolphCarter：phabulous phantoms phorever ●rokka-bluesky55@RBluesky55：ファントムに一目惚れさせてくれた315。サヨナラは言わない、これからもずっと大好き。 ●SAM Kitano@eagleemmet：F-4に関われた方々長年の運用お疲れ様でした。世界的に見ても運用機体の多さがファントムのことを物語っていると思います。ファントムよ、永遠なれ…。 ●shirakami-kitune74@kitune74：ファントム大好きたくさんの感動をありがとう 日本の空を 守ってくれてありがとうございます<(_ _*)> ●suika@suika12201220：ラストの7年だけですが、末の娘連れて通いました。ありがとうファントム。お疲れ様でした。 ●TAKE@ZtA8QNUj46sWNVI：ファントム君が一番カッコよくて艶っぽかった。一番好きだった。さらばファントム、忘れる事は無い。絶対に。 ●takeofujioka@takeofujioka：2019年5月に501sqの洋上迷彩のペッカーを見てから虜になって、ファントムが好きになり、ファントムおじいちゃんが好きになり、百里基地モニターになり、356号機の機付長と親友になりました。本当にファントムを好きになって良かった。本当にありがとう！お疲れ様でした！ ●tatsu@tatsu51602022：仕事で部品ではあるが、分解補修組立をしたのは良い思い出です。 ●type82@esprit_s300：初めて聴いたあの爆音の驚きと感動は今でも忘れられません！長い間日本の空を守り続けてくれてありがとうございました！お疲れ様でした！！ ●Vwar_1991@vwar_1991：長い間日本を守ってくれてありがとう!!ファントムを絶対に忘れない！ ●Wing@Tori_24y：冷めていた戦闘機や自衛隊機を好きだという気持ちを再び目覚めさせてくれた！カメラ撮影を始めるきっかけをくれた！新しい仲間と出会えるきっかけをくれた！全部ファントムのおかげです！本当にありがとう！50年間日本の空を守ってくれてありがとう！ ●WING ACE@on_top_mark：Mig-25亡命事件や空自初の警告射撃など、何かソ連機との因縁を感じさせたファントム。長い間の防空任務、お疲れ様でした。そしてありがとう！ ●あい@4s0q4：娘が産まれてから空自を好きになり初めて見たスペマはファントムでした。あの時はあれはなんだろうと調べてたのが懐かしく思えます。ファントムが見れると思うとワクワクドキドキしてました。恋してました(今でも)。寂しいけど…お疲れ様でした。世界一かっこよかったです！ ●あけみさん@akemi127：ファントム無頼を読んでいつかは百里のファントムを見に行きたいと願い2012年の航空祭で33年越しの願いが叶い、2014年からカメラで追いかけた。今まで日本の空を守ってくれてありがとう。最高にかっこいい戦闘機だった。お疲れさまでした。最後まで見送れて良かった。 ●いなウサ@inausa28：いつまでもその勇姿は、記憶から消えることはないよ。Phantom Forever♡ ●えだまめ航空@SDJベース：今まで約半世紀、日本の空を守ってくれてありがとう!!松島で見たあの美しい姿は絶対に忘れません。F-4は本当に最高の戦闘機だと思います。感謝してもしきれません!!またエンジンの咆哮を聞かせてくれ!!PHANTOM FOREVER!! ●えっちゃん LiSAっ子@eichan0916：幼かった私の心を爆音と共に奪って行ったのは貴方でした。貴方に憧れ、私はいま空の仕事に就くために勉強しています。ありがとう。 ●エルム@GAT009374504：空自ファントム長い間お疲れさまでした。 ●おクマ@0718_yuto：世界でとても一番思い出深い戦闘機でした、そして最前線でも命に向け武器を使わなかった事を日本国民として誇りに思います。本当にありがとう。第501飛行隊のRF-4E,EJとそのファントムライダーと第501飛行隊に関係する百里基地隊員は自分がいる福島県に東日本大震災時に福島第一原発上空を放射能の危険がある中、偵察任務を行って復興に従事しました。あの時の恩は一生忘れません。本当にありがとう。 ●オヒョヒョ@UbFaW4ZUB8FoKMu：俺の青春！F-4EJファントムが無かったら百里基地での勤務もなかったでしょう！ありがとうファントム ●オポッサム@Opossum787：「Good Mission」この一言に万感の想いを込めて… ●かとそ@ひまわり会：長い間お疲れ様でした！本当にありがとう！ ファントムに出会えたこと、追いかけることが出来たことを誇りに思います！ファントムよ永遠なれ。 ●カモフラ店長@Camouflagewings：2019年の入間航空祭で偵察航空隊RF-4の帰投シーンに感動し、その後の百里、ファントムの航空祭ハイレートシーンで完全にはまりました。今年三月まで、百里と岐阜で最後の時間を共有出来てありがとうございました。 ●カワセミ34@夢のお昼寝帝国臣民@kawasemiinoarai：空飛ぶ同級生よさらばだぜ ●きつねゆうき@kitune_yuki02：今まで日本の空を守ってくれてありがとうございました。自分があの音を初めて聞いたのは埼玉での台風の時の洪水の偵察でした。あの時自分は学校で初めて音を聞きました。最初は低空でT-4が飛んでいるのかと思いましたw 自分は397と357が好きです(o^^o) なんだかんだスペマは全部撮れたからよかった。今まで本当にお疲れ様でした。いつまでもPhantom Forever!! ●きょう@btb_bump：そうですね、少し前から登場してる亡き祖父との会話のきっかけも岐阜基地のファントムでしたね。元々祖父が性格柄あまり喋らなかったですが岐阜基地やファントムの事になるとたっても会話が弾んだ思い出がありますね。航空祭で雨が降っても2人でずっとかっぱを着て見ました。そんな事もあってファントムには長い間日本も守ってくれてありがとう以外にもおじいちゃんとの思い出を作らせてくれて「ありがとう」 ●ゲンゴロウ@N8rP6ZAXmq67dvZ：小学生の時、岐阜基地隊ファントムの力強く空を駆け上がる姿に圧倒されました。 あの日の秋晴れから30年、音を肌で感じ空を見上げればファントムはいつもそこに。寂しい気持ちはありますが、大先輩の無事の退役を心よりお祝い致します。 本当にありがとうございました。 ●けんと@kent4846：ファントム長年日本を守ってくれてありがとう。飛行機に興味をもったのは五歳くらいに百里で501飛行隊の迷彩ファントムをみてから。飛ぶ姿にどれだけ勇気を貰ったか。本当にありがとう。お疲れ様。 ●こばやんけろよんMkⅡ改@h_kobaMk2：本当におつかれ様でした。この一言につきます。ここまで愛される軍用機は後にも先にも現れないと思います。任務に携われた全ての空自隊員の皆様に敬意を表します(´･ω･`)ゞファントムよ永遠なれ！ ●ごん@gongchan618：子供の頃に新谷かおる先生のファントム無頼を見て以来ずっと大好きでした。初めて見たときはとても感激したし今までありがとうお疲れさまでした ●こーた@ekota1：大好きなF-4ファントム！長年にわたる日本の防空をありがとう!! ●さくら@sakura0may28：半世紀という長い間、日本を守ってくれて有難うございました。初めて航空祭に連れて行ってもらって一目惚れした初恋の戦闘機です。ファントムに出会えて良かったです。あなたのおかげで沢山の人と出会いがありました有難うございました。そして、お疲れ様でした！！ ●さわがに@sawa_gani：ファントム無頼でその存在を知り、基地祭で展示してある機体に会ったことは何度かあるけれど、ついに飛んでいる姿を拝む機会を作れなかったのが残念です。 ●しげさん@sd130502：長い間、日本の空を守って下さり本当にありがとうございました。F4戦闘機に関わった皆さま、長い間お疲れさまでした。 ●しゃんでら@F4_Chandelure：初めて撮った戦闘機がファントムでした。戦闘機を好きになったきっかけでもある思い入れのある機体でした！ありがとうファントム！Phantom Forever!!! ●しゅういっさん@HTBRKONE：長い間お疲れ様、ゆっくり翼を休めて。 ●ジョバンニT-8@thjyobanni：辛い時、見上げた空にファントムが力強く飛んでいた。その姿を見て励まされ頑張れた。最後の前日に小牧基地をローパスする301号機に奇跡的に見れて震えた。感謝しかありません。ありがとう、そしてお疲れ様でした。 ●すずむし'64@suzumushi1964：こんなにイケメンな戦闘機は今後出てこないでしょう。今まで本当にありがとうございました!! ファントム最後の航空祭で勇姿を見られて良かったです(#^.^#) ●たか@the302sq：50年にわたる防衛の任務、お疲れ様でした。初めて撮った戦闘機がファントムでした。今までで、そしてこれからも一番大好きな機種であることにかわりはありません。ありがとうございました。 ●たか@the302sq：50年にわたる防衛の任務、お疲れ様でした。初めて撮った戦闘機がファントムでした。今までで、そしてこれからも一番大好きな機種であることにかわりはありません。ありがとうございました。 ●たかぴん(･ω･)ゞ@allaka315：長きに渡る活躍お疲れ様でした。爆音と共に大空へと飛び立つ姿はもうないのは寂しいけれど、夢の中ではいつでも飛んでるよ！！夢の中でならいつでも会えるよ！ ●たかぱん☆@KhAm23VrZb641W6：亡くなった母と一緒に見た入間基地でのファントム長い間本当にお疲れ様でしたありがとうファントム ●たまはがね【銘 雷電】@j9raiden：した。博物館に行く機体、解体されてしまった機体それぞれですが皆それぞれの心の中では未だ飛び続けている事と思います。Thank you Phantom Forever! ●ちぃとらぶらい@680phantom：長い長い間、日本の空を守ってくれてありがとうございました。高校生の頃、その存在を知って、いつか百里に行きたいと思い続け、ほんの10年程前にやっと願いが叶いました。実機を見れたのは数えるほどですが、その勇姿は心の中で飛び続けています。本当にお疲れさまでした ●つだ@R29_30_1：親子三代に渡ってファントムを見つめてきました。千歳で、百里で、大洗で、岐阜で、その力強いフライトを見た思い出が消えることはありません。ファントムよ永遠に。 ●つばさ@wing_wayfarer：ファントムが愛しい。50年間、日本の空を守ってくれてありがとう。これからも幻でいい飛んでおくれ。そうじゃないと私が生きていけない… ●ててねの@te10eno_35：空自戦闘機パイロットを目指す様になったキッカケの機体です！夢を見させてくれてありがとう！ ●トシキ@hydtoshiki2：長期間、新人整備員達の教育機体として頑張ってくれてありがとうございました。多くの整備員が、その機体で基礎を学び術校から各部隊へと巣だって行きました。お疲れ様でした。 ●としぞう@han_myou：百里のアラハン前。まずレンズを通してエプロンを見る。J79の音はしていないか？やがてしてくるキーンという音を楽しみに待つ。しばらくするとやはり鳴り始めた。果たして飛ぶのはどの機体だ？エプロンを走りタキシーする機体を楽しむ。今までありがとうございました！ ●とむきゃ@yn_nagawaga：結構浮気もしたけれど、いなくなって寂しいよ! 長い間ありがとう。 ●とんぶり@tonburi：長い間お疲れ様でした。もっと飛んでほしかったのが正直な気持ちです。 ●ななちゃんFC3S★ひゃくりん@nanachanFC3S：百里基地で 302SQ 501SQ 301SQの3部隊、爆走天使達の 飛行訓練が凄かった。半世紀もの長い間、日本の空を護り続けて頂き、有難うございました。運用に関わった多くの皆様、本当にお疲れ様でした。 ●ナビ navi space@NaviSpace：幼い頃から玩具などで楽しませてくれていたファントム、その実機が轟音を響かせ飛び立つ姿を目の当たりにした時の感動をずっと忘れませんFantomForever ●なぴっち@99_rent：日本の空を守ってくれてありがとう。長年の勤務お疲れさまでした。 ●ナンガ(^O^)σ@NANGA2110：航空祭で轟いたJ79エンジンの爆音を我々は忘れる事はないだろう。半世紀に渡る任務の完了に心からの労いを送ります！ ●にゃす(ΦωΦ)@nyasufuji：50年という、長きに渡り日本の空を守ってくれた戦闘機。自分が初めて買ったのが百里のカエルのキーホルダーでした。きっとこの時から導かれていたんだなぁ。だからこそ、301の最後を見送れたのも運命だったのかな？思い出をありがとう！ ●ねこすけ@shrike01：我が青春、F-4ファントムとあり ●ねーさん@2411Yukisan：子供の頃、じーちゃんに連れていかれた小松空港で聞いた「腹に響く重低音」が忘れられないです。 ●のうしん@シオマネキ@G3Yoshinobu：日本の空を長きに渡り守り続けてくれてありがとう！ ●のばら とかげ@Gecko440：無骨で厳つい。でも可愛い。クタクタになるまで本当に ありがとう。私が見上げる空には、いつも貴方が飛んでいます。これからもずっと。大好き。 ●のるる@どうやらライトニングくんとは無縁なようじゃ：初めて基地祭で見た時その轟音に驚きそんなファントムが去るときが来るとは想像できなかったもう空を駆ける姿は見ることができないけどファンの心の中で永遠に飛び続けていくありがとう！ ●はぎたく@501tfs：小学生の時に初めて見た戦闘機Phantom。長い間守ってくれてありがとう。無くなるのは寂しいけど思い出の中で元気に飛び続けます ●ハシモト@peco_z12b2：大事な事なので5回言います！ありがとう！ありがとう！ありがとう！ありがとーーー(>人<;)! ●はなーこさん(´･ω･`)@pGyelECpziTE5yd：ファントム無頼を読んでいた大昔から、長いこと憧れていた一眼レフと超望遠での戦闘機撮影。数十年ぶりに行った2019年百里航空祭の後、ファントムを撮りたくてカメラを買いました。遅すぎたけど濃厚な2020年を